服装CAD
制版与应用实例

谢红 张云 阮兰◎编著

FUZHUANG
CAD
ZHIBAN YU
YINGYONG
SHILI

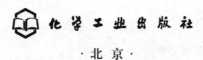

化学工业出版社

·北京·

本书主要介绍美国格柏公司 AccuMark PDS V9 样板设计系统，内容包括系统界面、主要功能和操作步骤，以及与 AccuMark V8.5 之前版本功能的比较。同时结合服装企业生产实际，以女装衣身原型、男式经典款式类别和女式裙装等为实例进行应用分析。

本书理论结合图例，步骤详明且实用性强，既可作为服装高等本科、专科、职业院校等相关专业的服装 CAD 教材，服装企业工作人员的技术培训用书，又可作为广大服装爱好者的学习参考书。

图书在版编目（CIP）数据

服装 CAD 制版与应用实例/谢红，张云，阮兰编著.
—北京：化学工业出版社，2019.11
ISBN 978-7-122-35261-3

Ⅰ.①服…　Ⅱ.①谢…②张…③阮…　Ⅲ.①服装设计-计算机辅助设计-AutoCAD 软件-高等学校-教材
Ⅳ.①TS941.26

中国版本图书馆 CIP 数据核字（2019）第 218775 号

责任编辑：李彦芳　　　　　　　　　　装帧设计：史利平
责任校对：杜杏然

出版发行：化学工业出版社（北京市东城区青年湖南街 13 号　邮政编码 100011）
印　　装：三河市延风印装有限公司
889mm×1194mm　1/16　印张 8　字数 160 千字　2020 年 3 月北京第 1 版第 1 次印刷

购书咨询：010-64518888　　售后服务：010-64518899
网　　址：http://www.cip.com.cn
凡购买本书，如有缺损质量问题，本社销售中心负责调换。

定　　价：36.00 元

前言

　　服装 CAD（Computer Aided Design）是集计算机图形学、数据库、网络通信等领域的知识于一体，在计算机软硬件系统支持下，通过人机交互手段，在屏幕上进行服装设计的一项服装专业的现代化高新技术。它将高新科技与服装设计紧密地结合起来，使计算机技术在服装领域得到了广泛的应用。目前，服装 CAD 的运用已经成为服装企业设计水平和产品质量的重要标志，是企业间合作的必要保证，也是服装企业在激烈的国际竞争中获胜的有力工具。

　　简而言之，服装 CAD 拥有以下基本功能：服装款式设计，包括服装面料的设计以及服装款式的设计；服装纸样设计，包括服装结构图绘制、纸样生成、缝份加放、放缩尺码等功能；服装样片推码，由单号型纸样生成系统多号型纸样；服装样片排料，设置门幅、缩水率等面料信息，确定样片排料方案。一些服装 CAD 还具备制定生产计划、核算成本等生产管理功能，铺布、自动裁割功能和三维人体数据采集及虚拟试衣功能。

　　本书对美国格柏公司开发的 AccuMark V9 系统的操作进行介绍，详细讲述了 AccuMark PDS 样片设计系统的界面和常用工具，以及与 AccuMark V8.5 系统之前版本功能的比较。本书内容主要分三大部分，共四章。第一部分为 AccuMark V9 系统界面的介绍，着重对比该版本与之前版本的更新部分，为读者掌握 Gerber AccuMark PDS 软件应用奠定基础。第二部分包括基础纸样设计技术和高级纸样设计，详细介绍了样片设计系统中常见的点、剪口、线段、注解、样片，新增书签等功能组的创建、修改和检视工具，尖褶、褶裥、延展弧度、缝份、放缩等功能的使用方法。第三部分为应用实例分析，对女装衣身原型，男式经典款式类别（如衬衫、西服、马甲、夹克、西裤等），女式裙装（如连衣裙、波形褶裙和高腰 A 形裙等）进行样片设计。

　　期待本书能为服装院校师生、服装相关从业者的专业能力的提升提供帮助。书中难免有不足或错漏，恳请读者批评指正。

编著者

2020 年 1 月

目录
CONTENTS

第一章

AccuMark界面功能说明

美国格柏（Gerber）公司 AccuMark 服装 CAD 系统中的 PDS 制版系统，主要以创建或处理款式样片的点、线、剪口等内部资料或整个样片为主，对输入的样片进行编辑、检视和测量等操作，然后利用工具对产生的样片放码并输出样片等。

本章主要对 PDS 样板设计系统工作界面、用户自定义工具栏、文件的打开和保存进行介绍。

第一节 ▶ PDS 样板设计系统工作界面

样板设计（Pattern Design System）是 Gerber AccuMark CAD 系统的重要组成部分，包括样板设计、放码、绘图、资料转换等主要功能。 打开 AccuMark 的 LaunchPad，如图 1-1 所示。 双击【样片设计】图标，即可进入 PDS 打版系统。

图 1-1　Gerber LaunchPad 界面

一、用户界面

与 AccuMark V8.5 及之前的版本相比，AccuMark V9 PDS 界面采用新的布局、图标和功能提示，以样板操作流程作为横向主菜单，并分别以对象建立功能组，提供了足够显示更多命令的空间。

菜单栏内包括【文件】、【创建】、【编辑】、【修改】、【高级】、【核对】、【放缩】、【样片向导】、【起草绘图】、【检视】等菜单，如图 1-2 所示。

如图 1-3 所示，以【创建】菜单为例，菜单内设【创建点】、【创建剪口】、【创建线

图 1-2　AccuMark V9 PDS 的界面

段】、【创建文本】、【创建样片】、【书签】功能组，每个功能组内包含创建该对象所有的子功能，可以显示图示，对命令的效果进行预览，更加适合初学者用户的操作。

随着新功能的不断加入，下拉菜单已经越来越长，使得功能寻找存在一定的困难，新式的用户界面中丰富的命令布局可以帮助用户更容易地找到重要的、常用的功能，所有的功能有组织地集中存放，不需要查找级联菜单、工具栏等，也使初学者可以更好地了解并熟悉该软件。

如工作区内样片数量较多，为了更清晰地检视所有样片在工作区中的状态，可以在菜单栏或功能组的空白区域右击，选择【最小化功能区】将功能区隐藏，以放大工作区，如图 1-4 所示。

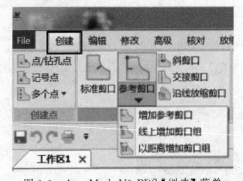

图 1-3　AccuMark V9 PDS【创建】菜单

图 1-4　最小化功能区

二、多工作区管理

AccuMark PDS 可以同时开启多个工作区，同一个工作区也可开启多个不同款式。

（一）选项卡形式显示多个工作区界面

如图 1-5 所示，PDS 打开多个工作区时，每个工作区以选项卡的形式显示在窗口顶端，

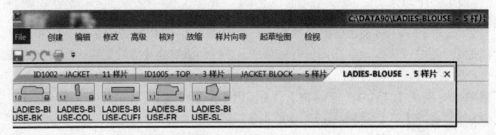

图 1-5　选项卡形式显示多个工作区界面

点击某个选项卡，将显示该工作区中的资料。

当前激活的工作区标题显示为粗体，点击每个选项卡上的"×"，可以关闭该工作区；按住鼠标左键并拖动选项卡，可以对工作区顺序进行调整。

（二）窗口管理多个工作区

点击【检视】-【窗口】图标，在视窗对话框中可激活单个或关闭多个工作区，如图 1-6 所示；点击【窗口】下拉菜单，可新建、并排/垂直显示和移动工作区窗口。

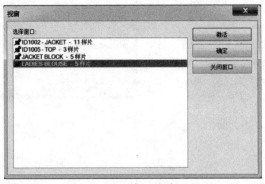

图 1-6　窗口视窗

在工作区标题上右击，可以创建新水平或垂直选项卡组，将当前工作区移至下一个选项卡组，或者将一组工作区移至下一个选项卡组，如图 1-7 所示。

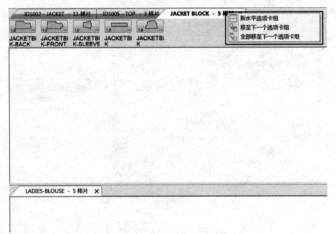

图 1-7　管理多个工作区

第二节 ▶ 用户自定义工具栏

AccuMark V9 中共有 7 个默认工具栏，包括【基本放缩工具栏】、【基本样板变化工具栏】、【书签工具栏】、【缝份工具栏】、【标准工具栏】、【工具栏】和【样板核对工具栏】，如图 1-8 所示。每个工具栏可以添加或移除其他的功能，但默认工具栏不可以重命名或者删除。

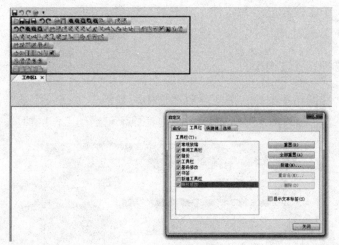

图 1-8　默认工具栏

一、自定义工具栏

除了基本的工具栏外，用户可以随时在【编辑】-【编辑工作区】-【设定】-【用户自设工具栏】的【自定义】窗口中新建新的工具栏，输入工具栏名称后，屏幕上出现一个空白的工具栏，在【命令】页面，将命令页面中的功能拖至新工具栏中，如图 1-9 所示。拖动新工具栏至屏幕的侧边并使之停靠，或浮动在工作区中。

图 1-9　添加功能至新工具栏

打开自定义工具栏窗口，右击工具栏中图标，选择【开始组】可以调整功能在工具栏上的布局。

二、快速访问工具栏

如图 1-10 所示，AccuMark V9 中新增了【快速访问工具栏】功能，默认显示在 PDS 标题栏中。点击【快速访问工具栏】右侧的三角形按钮，可以打开自定义快速访问工具栏下拉菜单。

下拉菜单中默认显示【保存】、【撤销】、【恢复】和【打印】4 个功能，点击【更多命令】可以激活【快速访问工具栏】对话框。

在下拉菜单中选择【在功能区下方显示】选项，或者在【快速访问工具栏】对话框中勾选【在功能区下方显示快速访问工具栏】，如图 1-11 所示，可以将快速访问工具栏显示的位置从功能区上方移到功能区的下方。

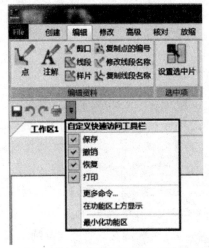 

图 1-10　自定义快速访问工具栏　　　　　图 1-11　【快速访问工具栏】对话框

在功能区域，可以右击单个功能、下拉菜单功能组或对象功能组，选择【添加到快速访问工具栏】，将其添加到快速访问工具栏中，以图标的形式显示。 添加到快速访问工具栏中的功能，也可以直接右击该图标，选择【从快速访问工具栏删除】将其删除。

第三节 ▶ 文件的打开和保存

一、文件的打开

（一）PDS 中的文件打开

在 PDS 样片设计系统中，点击【文件】-【打开】功能，在对话框【查找范围】中选择相应的储存区或文件储存路径。 AccuMark V9 软件全新安装完成后，系统会自动生成默认的 AccuMark V9 储存区"DATA90"。 升级安装的 AccuMark V9 系统，AccuMark 资源管理器中保留原始的 V7 及 V8 储存区。

【文件类型】一栏中选择需要打开的文件类型，如 AccuMark 的读图资料、款式、样片、量度规格表以及其他格式的资料等。 AccuMark V9 不支持 Micromark 读图资料的打开，【文件类型】中删除【Micromark 读图资料（＊.r）】和【Micromark 读图资料（＊.dgt）】选项。 同样，【文件】下拉菜单中的款式编修（MK）和款式/样片管理（MK）功能也被删除。

当选定某个文件类型后，相应的文件就会显示在对话框中。 【文件名】输入框中输入部分名称和"＊"，可以过滤文件的名称。

AccuMark V9 系统中 AccuMark 资料项、储存区和面料支持长文件名，各种表格、对话框以及打印输出中相应资料栏的宽度也得到相应的调整。

（二）AccuMark 资源管理器

在 AccuMark V9 资源管理器中，新建储存区时，可以建立 V8 或 V9 储存区，无法建立 V7 储存区和 V7 版本资料，V7 储存区是只读的，不可修改和保存。 如果要使用 V7 资料，用户可以使用【编辑】-【复制】功能或【文件】-【导出 ZIP】功能，将资料从 V7 储存区移动到 V8 或 V9 储存区中。

AccuMark V9 储存区中，通过在【文件】中选择【导出 V9 款式/样片至 V8】，即可将 V9 的款式和样片资料导出成 V8 格式，其他所有资料类型都不能导出 V8 格式。 与此同时，系统将会出现"书签信息将不会保存到 V8 储存区中"的提示，询问是否保留书签信息或继续。

此处提及的【书签】功能，将在第二章第三节中具体介绍，该功能是 AccuMark V9 的新增功能。

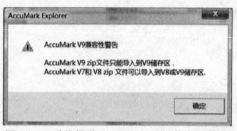

图 1-12　系统提示 AccuMark V9 兼容性警告

如将 V9 资料导出为 V9 的 ZIP 压缩文件，则这个压缩文件只能导入到 V9 储存区中。 将文件从 V9 储存区导出时，即有"AccuMark V9 兼容性警告"的信息提示，如图 1-12 所示。 同样，V9 的 ZIP 压缩文件不能导入到 V8 储存区，如导入，会有相应的警告提示。

二、AccuMark V9 储存区及长字符支持

（一）新的 AccuMark V9 储存区

AccuMark 资源管理器中新建储存区，只可以建立 V8 和 V9 储存区。 新建的 V9 储存区可以应用 V8 储存区参数表，新建的 V8 储存区不能应用 V9 储存区参数表，否则即有相应的警告提示。

（二）文件名长度扩展

1. AccuMark V9 储存区名称

AccuMark V9 储存区名称支持最长 20 个中、英文字符，如图 1-13 所示；V8 储存区仍

然只支持 8 个英文字符或 4 个中文字符。

图 1-13 V9 储存区名称

2. AccuMark V9 储存区资料名称

AccuMark V9 储存区的资料名称支持 50 个中、英文字符，如图 1-14 所示；V8 储存区里的资料名称仍然只支持 20 个英文字符或 10 个中文字符。

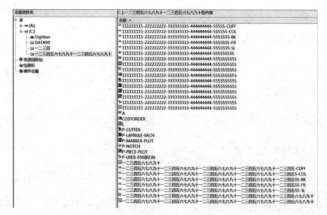

图 1-14 V9 储存区资料名称

3. 面料类型

面料类型支持 10 个中、英文字符，同一样片可支持 4 种面料类型，每个类型支持 10 个中、英文字符，如图 1-15 所示；V8 储存区只支持 1 个字符的面料类型。

	样片名称	样片图像	样片类别	样片描述
1	111111111-222222222-333333333-444444444-5555555-SL		SLEEVE	CUT2
2	111111111-222222222-333333333-444444444-5555555-FR		FRONT	CUT2
3	111111111-222222222-333333333-444444444-5555555-BK		BACK	CUT1
4	111111111-222222222-333333333-444444444-5555555-COL		COLLAR	CUT2
5	111111111-222222222-333333333-444444444-55555-CUFF		CUFF	CUT2

图 1-15 V9 面料类型

4. 尺码长度

尺码长度中英数字尺码最多 30 位中、英文字符，数字尺码最多 9 位（最大值 999999999），如图 1-16 所示。 V8 储存区只支持 3 位中文或 6 位英文的数字或英数字。

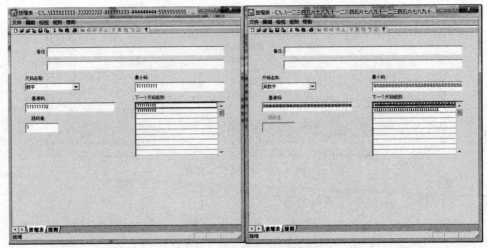

图 1-16　V9 储存区尺码长度

（三）长文件名的显示方式

标题栏用省略号显示长路径，如图 1-17 所示。

显示框提示显示长文件名，如图 1-18 所示。

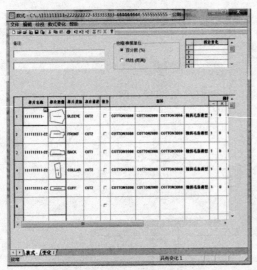

图 1-17　长路径的显示方式

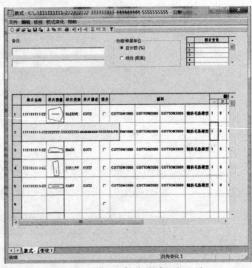

图 1-18　长文件名的提示显示

小贴士　

不同版本资料的兼容性：

1. V7 储存区资料或者 ZIP 文件需要导入到 V8 或 V9 储存区进行编辑；

2. V8 储存区资料或者 ZIP 文件可以导入到 V8 或者 V9 储存区进行编辑；

3. V9 储存区导出的 ZIP 文件不可导入 V7 和 V8 储存区；

4. V9 储存区资料不可复制到 V8 储存区，款式和样片除外。

第二章
基础纸样设计技术

　　AccuMark V9 版本以样板操作流程为横向主菜单，如【创建】、【编辑】、【修改】、【核对】、【放缩】、【检视】等，并分别以点、剪口、线段和样片对象建立功能组。 点、剪口、线段、样片的创建功能均以组的形式布局在【创建】菜单中，对这些对象的修改功能，则在【修改】菜单中以修改点、修改剪口、修改线段和修改样片等组的形式出现。

　　本章主要以点、剪口、线段、注解、样片和新增功能书签为主导，对纸样设计的基础功能进行介绍。 与 AccuMark V8.5 之前版本一样，纸样设计过程中，主要有两种工具模式：光标模式和输入模式。 光标模式是通过鼠标移动确定点或线段位置的方式，是系统默认的模式。输入模式是通过输入数值来确定对象位置的方式，一般用于比较精确的点或线段位置的确定。

　　绘图过程中，两种模式可以相互转换，以满足不同的绘制需要。 如果用户输入对话框中第一个按钮显示的是光标模式，则表示当前默认模式为光标模式，点击该按钮或同时按住并松开鼠标左右键，则可以切换到输入模式。

小贴士

　　一般而言，在使用某些具有多个操作步骤的功能时，每操作一步，需要结束选择以继续该功能，通常有以下几个方式：

1. 右击工作区激活右键菜单，选择【确定】选项。
2. 点击用户输入对话框中的【确定】按钮。
3. 点击鼠标中键。

　　需要注意的是，以上操作是在【编辑】-【编辑工作区】-【设定】-【参数表】对话框中【一般】菜单下【点击以继续】选项未勾选的情况下进行的，如勾选该选项，则使用这些功能时无须结束选择，即可进入下一个步骤。

第一节 ▶ 点、剪口功能

一、点

（一）创建点

1.【创建】-【创建点】-【点/钻孔点】、【记号点】

【点/钻孔点】是为线段增加一个点，或为样片增加一个内部钻孔点。【记号点】可为线段或某区域增加一个可视的参考点，该记号显示为"×"或"﹡"点。

在光标模式下，点击周边线或内部线上目标位置增加这个点；在输入模式下，可以在【起点】或【终点】框中输入该点到线段起始端点的距离。

点的位置可以通过右键菜单中的选项来设定，如不选择，系统默认【一般】选项激活。

　　周边线或内部线上增加的钻孔点，需要通过【检视】-【点】-【中间点】功能，将样片上的所有中间点都显示出来，才能看到新增加的点。在周边线或内部线上（不包括布纹线和放缩线）选择目标点的位置，即可增加记号点，使用该功能增加的点会一直处于显示状态。

2.【创建】-【创建点】-【多个点】-【加钻孔点】、【以距离加钻孔点】、【线上加点】、【以距离在线上加点】

该功能组可以成比例或根据设定距离为样片内部增加点，如图 2-1 所示。

点的位置同样可以通过右键菜单中的选项来设定，与【钻孔点】和【记号点】不同，其中的【多个点】选项无法激活。

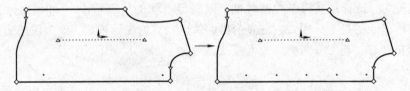

图 2-1　增加多个钻孔点

　　AccuMark V9 中删除【交接点】功能，可以通过【点/钻孔点】和【记号点】右键菜单中的【交接点】功能来确定点交接的位置。

（二）修改点

1.【编辑】-【编辑资料】-【点】

【编辑点】可编辑包括点编号、放缩规则和属性在内的点的资料。【复制点的编号】则用于从一个样片向其他样片复制点的编号，可以复制样片上某个点的编号或全部周边线上点的编号，如图 2-2 所示。

在【编辑点】的【追踪资料】对话框中，在【记号】前面的选择框中打勾，则在所编辑的点上加上加号点；选择【应用至两端点】选项，将点的属性等内容应用到所涉及线段的两个端点上。

在【复制点的编号】功能的用户输入栏中，如选择【放缩规则编号】选项，则放缩规则编号复制为点的编号。

复制点的编号时，同一个样片上点的编号是唯一的，所以同一样片上复制某一点的编号到另一点不起作用。

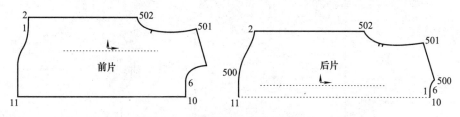

图 2-2 复制前片点的编号到后片

2. 【修改】-【删除】-【删除点】、【删减点】

该功能组用于删除或删减线段上的中间点、剪口或放缩点。【删除点】不能删除线段的末端点。【删减点】删除点的数量是由曲线的弯曲程度和删减因素决定的。

将【编辑】-【编辑参数表】-【用户环境】中单位设为公制，删减因数为 0～12.7，如单位为英制，删减因数则从 0～5，该因素值越大，删除点的数量就越多。

3. 【修改】-【修改点】-【移动一点】、【移动点】

该功能组用于移动点的操作，【移动一点】可移动周边线上的点、内部线上的点、线段端点或中间点至新的位置，相邻的点保持不变。【移动点】则可以移动周边线或内部线上的一个或一组点至新的位置，其他点保持不变，如图 2-3 所示。

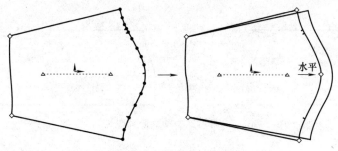

图 2-3 水平移动一组点

在点移动的过程中，可以通过右键菜单中的【水平】或【垂直】选项来限制点的移动方向。

4.【修改】-【修改点】-【顺滑随意移动】、【一点沿线移动】、【顺滑沿线移动】

该功能组可以用于移动点的位置，可随意或沿线移动。【顺滑随意移动】可移动一点至新的位置，其相邻的点会自动调整形状，以保持线段的圆滑。【一点沿线移动】用于一点沿着原来的线段移动，其相邻点保持不变。【顺滑沿线移动】是将一点沿着原来的线段移动，其相邻点自动调整形状，以保持线段顺滑，如图2-4所示。

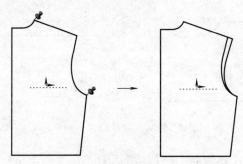

图2-4　将肩点沿肩线方向增加肩线长度

　　在使用【顺滑随意移动】和【顺滑沿线移动】功能移动点时，可以通过右键菜单中的选项来设定点的位置。

5.【修改】-【修改点】-【两点对准】

该功能用于重新定位一点，使其与其他某个点在水平或垂直方向上对齐。

系统自动选中【图钉位置】选项，【端点】图标默认勾选，当选择需移动的点后，图钉自动在线段端点显示，移动图钉可以定出活动范围，如图2-5所示。可以手动选择【前/后点】图标来限定活动范围，同样【图钉位置】选项可手动关闭。

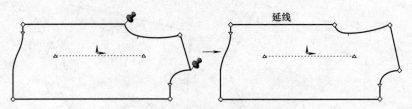

图2-5　将肩点移动到侧缝线延线上

　　【图钉位置】选项控制图钉的优先位置；使用中间的按钮【前/后点】，将图钉位置放置在邻近该选定点的前后点上；使用右边的按钮【端点】，将图钉放置在该选定点所在两条线段的端点位置上。

6.【高级】-【样板修改】-【夹圈/袖山】、【调整弧线形状】

该功能组用于修改袖窿弧线、袖山弧线等弧线的形状。【夹圈/袖山】用于修改夹圈（袖窿弧线），并同时更新袖山弧线，如图 2-6 所示。该功能除了修改袖窿、袖山外，还可修改其他联动的部位，如跨越多个样片的腰围大小等；【调整弧线形状】用于调整跨越多个样片的弧线形状。

（1）【夹圈/袖山】在功能用户输入工具栏中，【创造组合线段】选项可用于修改跨越一个或多个样片的弧线。【夹圈（袖窿）】和【袖山】选项用于设置夹圈和袖山移动的方向。【移动距离百分比】可分别设定夹圈及袖山移动距离的百分比。当夹圈或袖山沿线移动时，选择【沿线移动】选项可使点顺时针沿第一条线或第二条线移动。

（2）【调整弧线形状】顺时针选择要调整的弧线及需修改的点，并使用移动图钉来确定线段上要调整的范围，如图 2-7 所示。

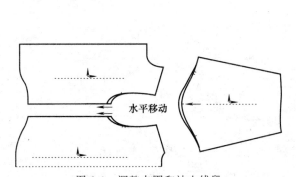

图 2-6　调整夹圈和袖山线段

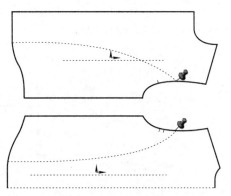

图 2-7　移动图钉的位置

　　AccuMark V9 中删除【水平移动点】和【垂直移动点】功能，使用【移动点】时，利用"Shift"键将点进行水平或垂直移动

　　【顺滑水平移动】和【顺滑垂直移动】功能在 V9 中也被删除，使用【顺滑随意移动】时，用"Shift"键进行顺滑水平或垂直移动。

（三）检视点

【检视】-【点】-【中间点】、【点编号】、【点属性】、【放缩规则】

该功能组用于检视所选样片上的全部中间点、点的编号、点的种类和属性，以及所有样片放缩点的对应放缩规则编号。样片上显示的符号代表不同的含义，如下表和图 2-8 所示。

符号形状以及对应点的类型

符号形状和描述	点的类型
▲ 三角形	线段的末端点
▼ 倒三角形	放缩点

续表

符号形状和描述	点的类型
◆ 棱形	线段末端的放缩点
□ 空心方形	线段上的位置
■ 实心方形	中间点
------ 虚线	内部资料/缝份线
— 实线	周边线
＋形	袋孔位或独立的一点
｜形	剪口
▽倒三角内加十字形	放缩的袋孔

A＝尖褶　　　　　　F＝放缩点

B＝周边线　　　　　G＝内部资料

C＝剪口　　　　　　H＝褶尖

D＝纽眼　　　　　　I＝布纹线

E＝中间点　　　　　J＝线段末端的放缩点

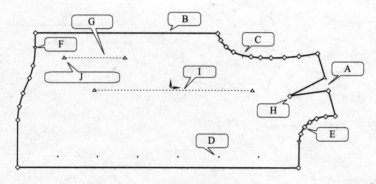

图 2-8　符号形状以及对应的点的类型

 小贴士

　　AccuMark V9 新版本中移除【显示全部点】和【显示总点数】功能。

　　【显示全部点】功能检视样片上所有的点，包括了中间点、放缩点、顺滑点和端点；【显示总点数】功能检视样片内包含的总点数，包括周边线上的点及钻孔点。

二、剪口

（一）创建剪口

1.【创建】-【创建剪口】-【标准剪口】、【斜剪口】、【交接剪口】

　　该功能组用于为样片增加垂直剪口、斜剪口或交接剪口。【斜剪口】用于改变现有剪口的角度。如线段的位置和形状发生变化，增加的【交接剪口】也会随之更新。

【编辑】-【编辑参数表】-【用户环境】中可设置系统默认的公制或英制单位；【剪口表】则可打开当前储存区中的剪口参数表，选择剪口类型，设置周边线宽度、内部宽度和剪口深度，当赋予各剪口种类数值后，选择某一个剪口种类，系统自动显示设置的剪口深度。

2.【创建】-【创建剪口】-【参考剪口】

　　该功能组用于增加单个或多个参考剪口，通过设定距离参考位置的距离，或者在图钉定出的活动范围内增加剪口组。

　　【增加参考剪口】功能，通过在基础码上设定距离参考位置的距离定位参考剪口。 在该功能的【用户输入框】中勾选【复制距离】选项，可使参考距离等于样片上的已有剪口的参考距离。 勾选【保持距离】选项，样片按比例缩放或长宽伸缩后仍可保持剪口的相对位置。 【缝份线上剪口位置】决定剪口在缝份线内放置的位置，可以垂直于周边线或沿剪口的角度放置，也可以设定在缝份线和周边线上以相同的参考距离放置剪口。

　　修改样片时，参考剪口位置也会更新，他与参考点间的距离不变。

　　【线上增加剪口组】功能，在图钉定出的活动范围内增加剪口组，并且剪口间的距离是相等的。 当修改线段时，组合剪口内的剪口间距不变。

　　【以距离增加剪口组】功能，类似【线上增加剪口组】，所不同的是【线上增加剪口组】需要输入剪口的数量，【以距离增加剪口组】需要输入剪口间的距离。

3.【创建】-【创建剪口】-【沿线放缩剪口】

　　该功能按输入的距离来控制剪口在放缩样片上的位置。 使用沿线放缩剪口时，输入沿线放缩值，剪口就可以与参考点以一定的距离进行推档。 正值和负值控制着剪口定位的方向，如图 2-9 所示。

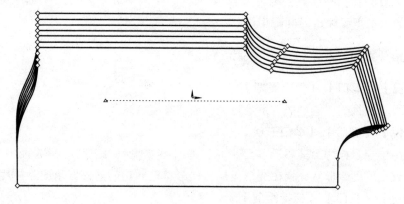

图 2-9　沿线放缩剪口

（二）修改剪口

1.【修改】-【删除】-【剪口】

该功能用于删除样片上的单个或多个剪口。

2.【编辑】-【编辑资料】-【剪口】

该功能用于编辑剪口资料，对剪口种类、深度、角度、点编号、放缩规则、属性，以及到参考点的距离等内容进行编辑。

通过改变【到参考点距离】，重新定位剪口在线段上的位置。

【组合剪口】建立在与参考点相反的侧线上；当组合选项处于启用状态时，可以指定剪口间的距离和剪口数量。

3.【修改】-【修改剪口】-【移动剪口】

该功能用于沿线移动参考剪口，可用于将标准剪口转换成参考剪口。移动剪口时，参考距离会自动更新。可以移动剪口组合，组合内的一个剪口移动之后，系统会重新定位其他剪口。

【复制距离】选项同【增加参考剪口】，与之不同的是，【移动剪口】是移动已存在的剪口，使其参考距离与另一个剪口相同。

4.【修改】-【修改剪口】-【改变参考点】

该功能用于改变参考剪口的参考点。使用该功能后，剪口根据新的参考点进行更新。

在改变参考点的过程中，系统自动显示剪口与参考点之间的距离，剪口类型会显示在剪口信息框中。

【增加基本点】即将参考剪口转换成标准剪口，在剪口位置添加基本点。

5.【修改】-【修改剪口】-【改变保持距离】

该功能用于改变剪口的保持距离。对于应用【保持距离】选项的剪口，选择【改变保持距离】功能后，系统会自动显示其与参考点之间的距离。

【保持距离】即选择剪口，以在样片伸缩时保持距离。

6.【修改】-【修改剪口】-【组合剪口】

该功能用于将现有的剪口建立参考剪口组合。选择组内包含的剪口后选择参考点，在距离参考点最近的剪口测量参考距离。如剪口间的距离不等，系统会根据输入的间距自动修正剪口位置，使剪口组合的间距相等。

（三）检视剪口

1.【检视】-【剪口】-【剪口类型】

该功能用于检视剪口的种类，系统将显示剪口类型、参考点剪口、距参考点的距离。

2.【检视】-【剪口】-【剪口形状】

该功能用于显示样片上剪口的实际形状，剪口尺寸使用当前剪口参数表中的尺寸。要查看放缩尺码上的剪口形状，就在选择显示剪口形状这一功能前先显示放缩样片。

3.【检视】-【剪口】-【保持距离】

该功能用于使样片应用比例缩放或长宽伸缩后仍然保持剪口的相对位置。使用该功能后，系统显示剪口的参考距离以及剪口的类型。

第二节 ▶ 线段、注解功能

一、线段

（一）创建线段

1.【创建】-【创建线段】-【两点直线】、【两点弧线】、【输入线段】

该功能组可以创建一条或多条直线或曲线作为样片的内部线，也可以通过右键菜单中的【创建新样片草图】选项来创建草图样片。 右键菜单中的选项可以定位线段上端点的位置、设定直线或曲线以及段的方位等。

【在相交点上加上放缩】即在输入的内部线与放缩周边线的相交处应用一个适当的放缩规则。 使用该选项与在两条线的交叉处增加放缩点，再把周边线上的放缩规则复制给内部线的结果相同。

【调校弧线长度】，如选择该选项，系统会在输入线段后提示该线长度。

2.【创建】-【创建线段】-【线上垂直线】、【线外垂直线】、【垂直平分线】、【线上切线】、【线外切线】、【两圆切线】、【平分角】

该功能组用于创建线段，使其在某点垂直于已有内部线或周边线。 由一点延伸出一条直线并接触另一条线段，使两条线段成直角；或者创建一条线段使其在某点与弧线或者圆相切等。 通过平分角可创建等分两选定线段夹角的平分角线。

3.【创建】-【创建线段】-【复制线段】

该功能用于将线段复制到原样片中的新位置或另一个样片中。 复制过程中可以通过右键菜单中的【水平】或【垂直】选项来限定线段移动的方向。

可以通过【用户输入框】勾选【选择参考位置】选项，在所复制的线段上选择一个参考位置以辅助线段的移动，或者在【复制数量】下拉菜单中选择复制线段的数量。

4.【创建】-【创建线段】-【创建旋转线段】

该功能用于创建一条新的内部线，将其绕一个端点旋转。

5.【创建】-【创建线段】-【圆形】-【增加圆角】

该功能用圆形的一部分替换一个周边线的角（两条相邻线段）。

在用户输入工具栏【选项】框中，选择【增加/改变圆角半径】工具，增加的圆角可被删除。 选择【增加固定圆角】工具，增加的圆角无法再删除。 选择【删除圆角】工具，用来删除可改变半径的圆角。 选择【固定圆角】工具，将可改变半径的圆角转化为无法删除的固定圆角。

6.【创建】-【创建线段】-【圆形】-【圆心画圆】、【两点圆形】、【三点圆形】、【单切线圆形】、【双切线圆形】

该功能组通过定义圆心点、圆半径、周长以及圆上的点创建圆形。 圆心位置可以通过右键菜单中的选项来设定，如不选择，系统默认【一般】选项激活。

如工作区中已有激活的款式，则加入当前款式中。 如没有，则系统提示"输入新款式名称"对话框，可在【文件名】输入框中输入新的款式名称，也可以直接选择储存区中的某个款式。

AccuMark V9 中将【圆心周长】功能移除，可以通过【圆心画圆】功能的【圆周】选项定义圆心点和圆的周长。

7.【创建】-【创建线段】-【圆形】-【定向椭圆】、【焦点椭圆】

该功能组通过确定椭圆的中心位置、短轴和长轴长度创建椭圆。 或者通过确定椭圆的中心位置、短轴的焦点和长轴的长度来创建内部椭圆。

8.【创建】-【创建线段】-【对称线段】

该功能用于创建选定周边线、裁缝线或内部线的对称线段。

9.【创建】-【创建线段】-【平行复制】、【不平行复制】

该功能组通过保持与原线段平行来复制线段；或使线段两个端点以不同距离复制及移动来得到一条新的线段，如图 2-10 所示。

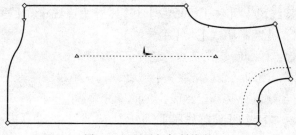

图 2-10　不平行复制线段

（二）修改线段

1.【编辑】-【编辑资料】-【线段】、【修改线段名称】、【复制线段名称】

该功能组用于编辑包括线段标记、线段名称、缝份量等在内的线段资料。

2.【修改】-【删除】-【删除线段】

该功能组用于删除样片上的线段。 如删除的是现有的一根周边线，则系统会自动在原有线段的两个端点之间连接一根直线，如图 2-11 所示。

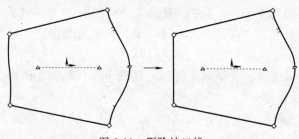

图 2-11　删除袖口线

3.【修改】-【修改线段】-【平行移动】、
【移动线段】、【固定长度移线】

该功能组可以使线段以平行方式或向任何方
向移动线段，也可在移动线段的同时保持原有长
度。固定长度移线如图2-12所示。

【平行移动】和【移动线段】功能的【用户输
入框】内容相同，其中【选择参考位置】选项，用
于辅助线段移动。【反方向移动多条线段】选
项，使两条以上线段以相反的方向移动。【垂直
剪口位置】选项，使线段上的剪口垂直移动到复制
的线段上。

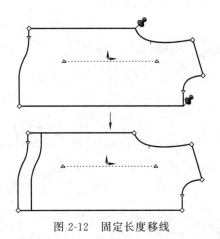

图2-12 固定长度移线

AccuMark V9中，【局部移动线段】功能被移除，该功能与【点处理】-【修改点】-【顺
滑随意移动】功能相似。

4.【修改】-【修改线段】-【交换线段】、【替换线段】

该功能组将一根内部线和周边/裁缝线进行交换或者替换。

【交换线段】和【替换线段】的【用户输入框】中，【点的资料】可使用原来周边线的
信息或者内部线上的信息，也可以通过【保持原有网状放缩】选项，选择是否保留内部线上
原有的放缩规则。

选择内部线替换周边线/裁缝线后，内部线或其延长线必须和周边线相交于两个端点。系
统会显示所有可以选择的内部线；要确保选择替换线段的起始点和结束点时是按顺时针的方
向，如图2-13所示。

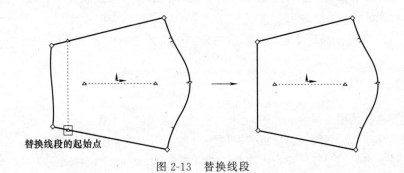

替换线段的起始点

图2-13 替换线段

5.【修改】-【修改线段】-【构成平行线】

该功能用于将所选的线段与另外的线段、X轴或Y轴构成平行线。

AccuMark V9 中,【移动并平行】功能被移除,该功能与【构成平行线】相似,只是【构成平行线】不再移动此线段。

6.【修改】-【修改线段】-【旋转线段】、【定位/旋转】

　　【旋转线段】用于将周边线/裁缝线或内部线旋转一个角度或者一段距离。【定位/旋转】用于移动一条内部线,使其匹配到另一条线的一点上,并围绕该点任意方向旋转。

　　AccuMark V9 中,【移动及旋转】被移除,该功能可以通过光标、输入角度或输入距离,先移动周边线/裁缝线或内部线,再将线段进行旋转实现。【修改线段长度】功能被移除,该功能类似于【点处理】-【修改点】-【顺滑沿线移动】。

7.【修改】-【修改线段】-【调校弧长】、【修改长度】

　　该功能组可更改曲线长度为指定的值,或通过移动某一端点来改变线段的长度。

8.【修改】-【修改线段】-【修改弧线】、【顺滑曲线】

　　该功能组可修改已有的弧线形状或将直线调整为弧线,也可以通过调整线上点的位置,使曲线更加顺滑。 如图 2-14 所示,可以使用【顺滑曲线】编辑折叠尖褶后的整条周边线。

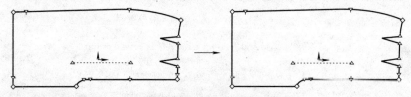

图 2-14　折叠尖褶后顺滑裤腰线

9.【修改】-【修改线段】-【合并线段】、【分割线段】

　　该功能组可将两条或多条线段合并成一条线段,或将一条线段分割成两条或多条线段。【合并线段】功能,在用户输入工具框中勾选【在合并点加剪口】选项,可在结合处加上不同种类的剪口。【分割线段】功能,线段的分割点可通过右键菜单进行定位。

　　如果需要合并两根或者更多的周边线/裁缝线,这些线段相互之间必须相邻。如果需要合并两根或者更多的内部线段,点击每一根线段上靠近某个端点的位置,将该端点设定为连接下一根线段的起点。线段不必相互相邻,系统会在这些线段之间创建连线。

10.【修改】-【修改线段】-【修剪线段】、【移平线段】

　　该功能组可修剪延伸到样片周边线/裁缝线以外的内部中间点来创建一条直线,如

图 2-15 所示。

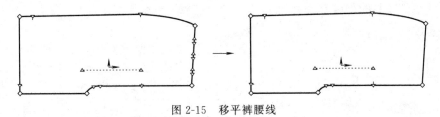

图 2-15 移平裤腰线

AccuMark V9 中，【打开线段】功能被移除。

11.【核对】-【检查】-【比并线条】

该功能用于检查曲线的缝合状况、剪口位置及缝份长度，可用于检查前片袖窿弧线和袖山弧线的缝合状况。 【用户输入框】中【点种类】选项可设定度量的起始和结束位置。 右键选项如图 2-16 所示。

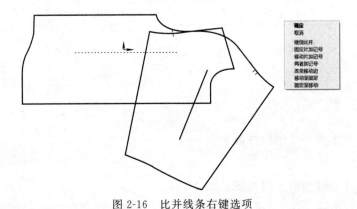

图 2-16 比并线条右键选项

（三）检视线段

1.【检视】-【线段】-【线段标记】

该功能用于显示工作区中所选样片上线段的种类或者标记。

2.【检视】-【线段】-【线段名称】

该功能用于显示所选线段的名称。 线段名称可在编辑线段资料中进行编辑。

3.【检视】-【线段】-【以标记作核对】

该功能用于显示工作区中指定标记的线段。 输入需要显示线段的标记，标记为该字母的线段显示为红色，如图 2-17 所示。

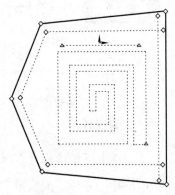

图 2-17 以标记作核对

4.【检视】-【线段】-【隐藏线段】-【周边线】、【内部线】、【重设】

该功能组用于暂时隐藏某个样片中选中的周边线/裁缝线、内部线，或者重新显示被隐藏的周边线或者内部线。

二、注解

（一）创建注解

【创建】-【创建文本】-【注解】

该功能用于在样片中输入新的注解，如图 2-18 所示。

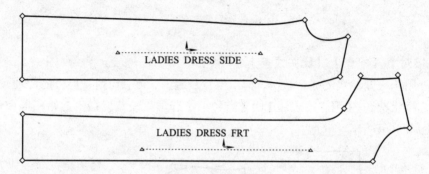

图 2-18　增加注解

（二）修改注解

1.【修改】-【删除】-【删除注解】

该功能用于删除样片上的注解文本。

2.【编辑】-【编辑资料】-【编辑注解】

该功能用于对注解的复制、删除、移动等，可修改注明的字体大小、字体旋转、放缩规则等。

第三节 ▶ 样片、书签功能

一、样片

（一）创建样片

1.【创建】-【创建样片】-【长方形】

该功能用于创建一个新的长方形样片，可以在【用户输入框】中勾选【样片加入款式】选项，选择是否将新的长方形样片加到激活的款式中。

2.【创建】-【创建样片】-【复制样片】

　　该功能用于在工作区中复制出一个与原片相同的样片，通常将复制的样片作相应的修改，以生成新的样片。

3.【创建】-【创建样片】-【套取样片】、【抽取样片】

　　该功能组用于从已有的样片中产生一个新的样片。

　　（1）【套取样片】功能的【用户输入框】可以选择【套取类型】、【样片类别】以及【点的资料】，勾选【样片加入款式】或【保持原有网状放缩】选项，选择是否将套取的样片加到激活的款式中，或保留原样片上的放缩规则。套取非对称片如图 2-19 所示。

　　（2）【抽取样片】功能只需选中闭合的目标区域，系统自动确定新样片的周边线，如图 2-20 所示。【用户输入框】中同样可以选择是否将抽取的样片加到激活的款式及样片的类别。

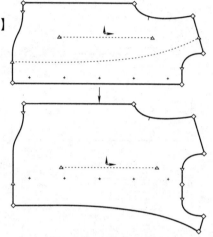

图 2-19　套取非对称片

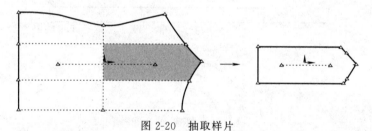

图 2-20　抽取样片

4.【创建】-【创建样片】-【捆条】、【贴边片】、【黏合衬】、【荷叶边】

　　该功能组用来创建样片的捆条，如腰带、克夫等部位，或创建贴边片、黏合衬和荷叶边。

　　（1）【捆条】功能选择线段时需按顺时针的方向，如图 2-21 所示。在【用户输入框】中可输入【捆条宽度】，设定【旋转增量】使捆条样片按顺时针或逆时针以及相应的增量旋转。选择【剪口类型】、【剪口深度】、【放缩样版】，使捆条样片和剪口生成对应的放缩规则。

　　（2）【贴边片】功能如图 2-22 所示，可通过选择【线段类型】，确定贴边线是选择已有线段还是输入一条新的线段，并可设定在贴边线上的缝份和弧线长度。

　　（3）【黏合衬】功能可通过指定比原样片缩减的量来创建黏合衬样片，黏合衬样片保留原有的放缩量和缝份量，如图 2-23 所示。选择样片后，输入负的偏移量，最大为 2.54cm。

　　（4）【荷叶边】功能如图 2-24 所示，【用户输入框】中可在【尺寸】选项下输入荷叶中心的内径以及荷叶边螺旋间隔的距离。

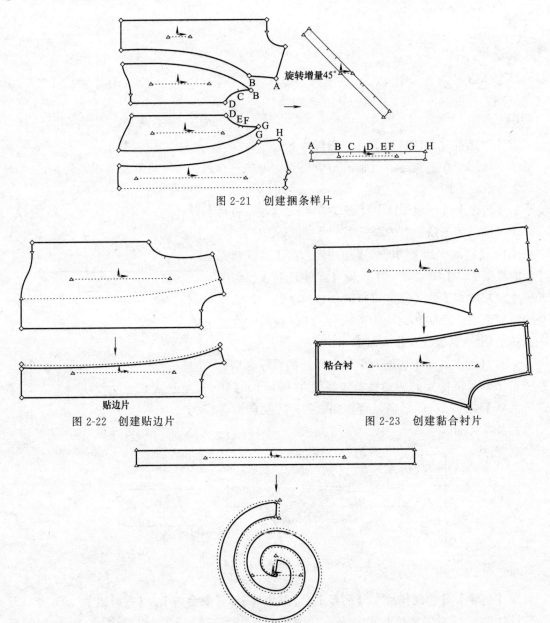

图 2-21　创建捆条样片

图 2-22　创建贴边片

图 2-23　创建黏合衬片

图 2-24　为创建的荷叶边定义缝份

 小贴士

【选择切割方式】:【平均(垂直的)】、【平均(比例的)】

1. 如果剪开线为弧线,则选择比例展开方式,因为垂直方式可能会使延展线相互交叉。

2. 进行修改并创建成荷叶边的基础样片长度应为一条线。

3. 螺旋的内径及螺旋间距应与基础样片的宽度成比例。

4. 制作荷叶边时,启动【PDS 信息栏】中的【显示平滑】选项,有助于制作较顺滑的荷叶边形状。

5.【创建】-【创建样片】-【领片】、【圆裙片】、【袖片】

该功能组可通过输入样片的名称及各部位尺寸，创建出新的领片、圆裙片和袖片。

6.【创建】-【创建样片】-【放缩尺码】、【变更尺码】

【放缩尺码】功能用于将样片的某个放缩尺码单独生成一个新的样片，如图 2-25 所示。

【变更尺码】功能或用于创建一个新的指定变更档案及指定尺码的变更样片，如图 2-26 所示。

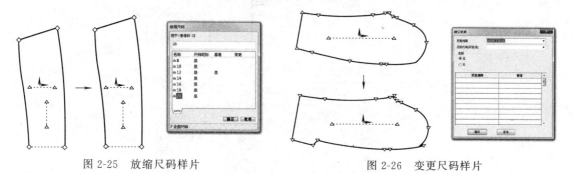

图 2-25　放缩尺码样片　　　　　　　　　图 2-26　变更尺码样片

（二）修改样片

1.【编辑】-【编辑资料】-【样片】

该功能用于编辑样片名称、样片类别、样片描述和放缩规则表等样片资料。

2.【修改】-【修改样片】-【翻转样片】、【旋转样片】

该功能组用于改变工作区中样片的方位。

（1）【翻转样片】功能，可使样片根据某条线段翻转，或在 X 轴和 Y 轴的四个象限中翻转。 在【用户输入框】中选择【翻转种类】选项，沿内部线或周边线翻转样片，或选择【四个方位】选项沿 X 轴或 Y 轴翻转样片。

（2）【旋转样片】功能，可沿选定的轴心点或参考位置，通过鼠标或输入指定的角度来完成某个样片的旋转。 在【用户输入框】中选定【执行对准】选项，在选定参考位置的基础上自动旋转样片，使轴心点与参考点的连线与 X 轴或 Y 轴平行。

3.【修改】-【修改样片】-【移动样片】、【调校水平】

该功能组用于移动样片，使其重新定位。

（1）【移动样片】功能，可用 X 轴和 Y 轴坐标重新定位样片，将网格点对准样片，或快速将样片定位在一起。 通过【锁定在格线上】选项，将样片上的某个点定位在格线上。

（2）【调校水平】功能将一个样片恢复为其原来的方位，或在样片方位发生变化后，重新将布纹线/放缩参考线按照水平位置调对。

4.【修改】-【修改样片】-【分割样片】、【合并样片】

该功能组用于将样片分割成新的样片，或将两个样片合并成一个新的样片。

（1）【分割样片】功能可沿现有的内部线分割，也可通过输入的线段分割。 所有下拉功能的【用户输入框】选项均相同。 【放缩选项】可以选择【沿线放缩】、【按比例放缩】、【保持原有网状放缩】等选项控制分割的放缩类型。

（2）【合并样片】功能可在【用户输入框】中选择合并以后样片及合并线的放缩规则。

可通过选择【创建已修改的规则】、【多条放缩参考线】、【目标片放缩参考线】等选项来控制合并样片的放缩。 如图 2-27 所示，将定位片的布纹线/放缩参考线转化成一条交替布纹线/放缩参考线。 定位片上的所有放缩点参照交替布纹线/放缩参考线。

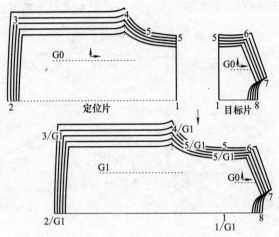

图 2-27　多条放缩参考线

5.【修改】-【修改样片】-【定位/旋转】、【定位/不定位】

该功能组用于定位样片、定位后旋转，或取消定位样片。

【定位/旋转】功能用于对位定位片和目标片上的两点，再将定位片沿着该对应点旋转。

【定位/不定位】功能，用于在工作区中暂时定位一个样片，重复使用该功能可取消定位。

小贴士

　　【定位/旋转】功能可用来比较不同的线段或样片，如将小袖片定位并旋转至大袖片上进行对比；或使用该功能将两个样片重叠，为使用【套取样片】功能做准备，如图 2-28 所示；也可以在一个对花、对格点处将一个样片定位在另一个样片上，然后将该样片沿该对花、对格点旋转。

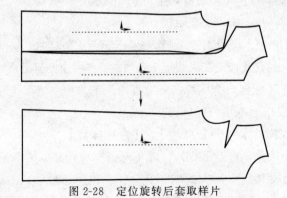

图 2-28　定位旋转后套取样片

6.【修改】-【修改样片】-【产生对称片】、【解除对称关系】、【折叠保存及对称】

该功能组用于创建对称片，或将对称片转化为非对称片，也可折叠对称片，将其保存为新的样片，如图 2-29 所示。 【用户输入框】中可设定对称后是否折叠、对称线上的剪口等信息。

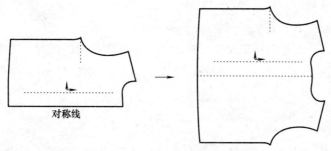

图 2-29　产生对称片

7.【高级】-【面料】-【比例缩放】、【长宽伸缩】

该功能组用来放大或缩小样片。

（1）【比例放缩】功能，可在【用户输入框】中输入 X 或 Y 的线性值或指定的百分比来放大或缩小样片。 正数可增加样片的尺寸，负数可减少样片的尺寸。

（2）【长宽伸缩】功能，可根据面料的缩水率将样片在所有尺码上拉伸或收缩一定的量。

（三）检视样片

1.【检视】-【样片】-【对称片】-【打开对称片】、【折叠对称片】

该功能组用于显示打开或折叠后的对称片。

【打开对称片】功能，若打开后样片一边进行修改，则此样片不再对称。 【折叠对称片】功能，不对称的样片使用该功能，系统提示"不能折叠非对称的样片"。

2.【检视】-【样片】-【缝份量】、【缝份角】、【开/关缝份角】

该功能组用于显示所选线段或样片的缝份量、缝份角类型，或将所选样片上的缝份角临时隐藏。

3.【检视】-【样片】-【注解】

该功能可以通过显示开关显示或隐藏样片的注解。

4.【检视】-【样片】-【圆角】

该功能用于查看样片是否做过增加圆角的处理（线段处理/创造圆形/增加圆角）。 如果增加过圆角，则以红色显示。

5.【检视】-【样片】-【样片位置】-【使用】、【定义】、【删除】

该功能组用于将工作区中的样片定义可使用的位置，将保存过的位置应用到样片上，或将保存的位置从款式中删除。

二、书签

书签功能是 AccuMark V9 版本中新加入的功能，该功能可以对修改前的样片形状进行保存，样片修改后，可以显示原片形状来对比前后的状态。 修改包括样片形状、内部资料、尖褶、褶裥等。

书签形式有两种，原片书签和定义片书签，功能分别设置在【创建】-【书签】和【检视】-【修订】工作组中。

原片书签是指样片第一次在 AccuMark PDS 中使用时的状态，系统显示样片的形状和初始使用的名称，原片书签无法进行更改。

样片打开后，原片书签会自动创建，样片的书签随样片同时保存，书签的形状不可单独选择。定义片书签是样片在任何修改过程中定义的状态，用以检视对样片的修改。

在 AccuMark V9 中新创建的样片，导入的 V8.5 或之前版本的样片以及其他格式的样片，可直接检视原片书签。书签信息只能保存于 V9 储存区中，否则定义的书签信息将被移除。如修改衣片后使用【定义书签】功能，将其保存于 V8 储存区中，再次在 AccuMark PDS 中打开该样片，定义的书签无法显示。

（一）定义书签

【创建】-【书签】-【定义】、【恢复原片】、【恢复定义片书签】。该功能组用于捕获样片当前的修改状态，或恢复原片或者定义片，以比较样片修改前后的不同，如图 2-30 所示。定义片书签只针对样片进行设置，草图样片不可以创建定义片书签。

对于 AccuMark V9 中使用【创建】-【创建样片】功能组中【套取样片】、【长方形】、【复制样片】、【捆条】、【领片】、【圆裙片】、【袖片】、【贴边片】、【黏合衬】、【抽取样片】、【荷叶边】、【放缩尺码】和【变更尺码】功能得到的样片，均可获得新的原片书签。

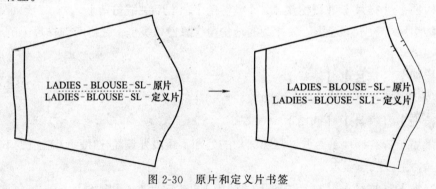

图 2-30　原片和定义片书签

新设置的定义片书签会覆盖上一次的书签，每个样片只能使用一个定义片书签。恢复的样片名称以原样片的名称加"-原片"或"-定义片"和数字命名。

【恢复原片】和【恢复定义片】功能可针对多个样片进行操作。在右键菜单中选择【全选】功能，工作区中的所有样片将全部被选中。创建【定义书签】功能和【检视原片书签】、【检视定义片书签】功能同样可对多个样片进行操作。

（二）检视书签

【检视】-【修订】-【原片书签】、【定义片书签】、【缓冲区资料】。 该功能组用于显示选择样片的原片书签、定义片书签以及样片上一次的修改。

【原片书签】用于选中样片后显示原片书签。 【定义片书签】用于选中样片后显示用户自定义的书签，即检视使用过【创建】-【书签】-【定义】功能后的样片。 【缓冲区资料】用于显示上次样片的更改，该功能是 V8.5 之前就有的功能，仅可以即时显示一步修改的状态，如图 2-31 所示。

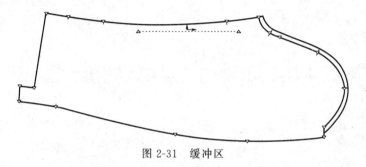

图 2-31　缓冲区

书签的样片名称显示于样片的中心，以原样片的名称加 "-原片" 或 "-定义片" 构成。原片书签和定义片书签显示为无填充色，当前创建或者检视书签的样片仍保持原样片的填充色或无填充色状态。

检视书签时，样片保留周边线、放缩参考线和所有的内部资料（点、剪口、内部线、注解等）。 同时，检视书签时仍支持对样片信息的查看，包括点编号、放缩规则、剪口类型、剪口形状、放缩尺码、线段名称、缝份量、缝份角、量度等，如图 2-32 所示。

图 2-32　查看样片信息

原片书签使用【编辑】-【编辑工作区】-【参数表】中【颜色】-【其他项颜色】-【格线】的颜色设置。

定义片书签使用【编辑】-【编辑工作区】-【参数表】中【颜色】-【其他项颜色】-【箭头】的颜色设置。

第三章

高级纸样设计功能

本章主要介绍 AccuMark PDS 尖褶、褶裥、延展弧度、缝份、放缩等功能。

第一节 ▶ 尖褶、褶裥和延展弧度功能

一、尖褶功能

1.【高级】-【尖褶】-【增加尖褶】、【增加尖褶连立体量】、【菱形尖褶】

该功能组用于为样片增加尖褶，包括直线尖褶、尖褶及其弧度、内部线菱形尖褶。

（1）【增加尖褶】功能，不改变尖褶弧度，可通过右键菜单中的【中间点】、【交接点】、【由点定距离】选项设定开口点的位置。

（2）【增加尖褶连立体量】功能，用于在样片上裁出尖褶及其延展弧度，如图 3-1 所示。【用户输入框】中可设置【折弯线】和【轴心点】。

（3）【菱形尖褶】功能，用于创建内部线尖褶。【用户输入框】中可选择菱形尖褶的中心和方向，或输入参数值来设定尖褶的尺寸。

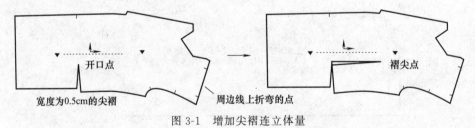

图 3-1　增加尖褶连立体量

2.【高级】-【尖褶】-【修改尖褶】-【旋转】、【分布/旋转】、【合并/旋转】

该功能组用于旋转尖褶、尖褶部分转移，或合并尖褶等。

（1）【旋转】功能，尖褶沿选中的点整个旋转至周边线上的不同部位，如图 3-2 所示。【用户输入框】中可选择尖褶打开方式，可以选择轴心点作为尖褶旋转的支点，也可以在内部线上选择轴线位置用于转换成尖褶。

（2）【分布/旋转】功能，将一个尖褶经旋转分成两个尖褶，如图 3-3 所示。与【同线上分布】功能不同，尖褶通过沿支点旋转，而不是移动来进行分布。

（3）【合并/旋转】功能，与【分布/旋转】功能相反，用于将两个不同线段上的尖褶经

旋转合并成一个尖褶。

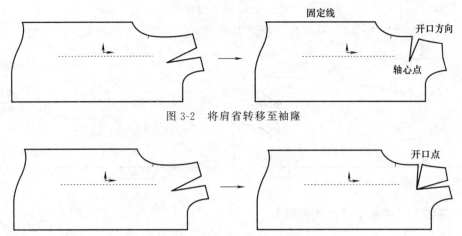

图 3-2　将肩省转移至袖隆

图 3-3　将肩省部分转移至袖隆

3.【高级】-【尖褶】-【修改尖褶】-【同线上分布】、【同线上合并】

该功能组用于将同一线段上的尖褶全部或部分旋转成多个尖褶，或将多个尖褶合并成一个尖褶。

（1）【同线上分布】功能，在同一线段上将尖褶全部或部分旋转至目标位置，如图 3-4 所示。通过输入分布的百分比或数值设定分配给开口点的量。

（2）【同线上合并】功能，与【同线上分布】功能相反，该功能用于将同一线上的多个尖褶合并成一个尖褶，如图 3-5 所示。

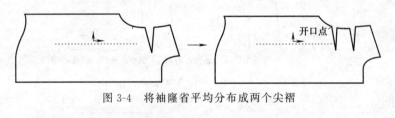

图 3-4　将袖隆省平均分布成两个尖褶

图 3-5　同线上合并

4.【高级】-【尖褶】-【修改尖褶】-【更改褶尖】、【褶子两股等长】、【褶子双边大小重调】、【褶子单边大小重调】

该功能组用于改变褶尖，或调整尖褶的线长。

（1）【更改褶尖】功能，用于沿褶角平分线方向更改褶尖，如图 3-6 所示。

（2）【褶子两股等长】功能，用于将两边线长不一致的尖褶线长调整成一致。如果选择某个褶角，则调整该褶角以达到与另一褶角边线相等；如果选择褶尖，则褶的两边都作调整，以达到尖褶边线相等，如图 3-7 所示。

（3）【褶子双边大小重调】功能，移动尖褶的两边来调整尖褶的宽度。 通过输入重调的数值（实际尺寸或正、负百分比）来设定尖褶宽度调整的量。

（4）【褶子单边大小重调】功能，移动尖褶的一边来调整尖褶的宽度。

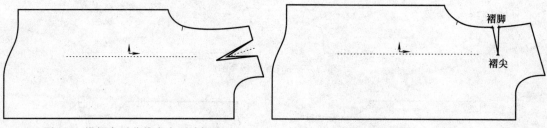

图 3-6　沿褶角平分线方向更改褶尖 　　　　　　　　图 3-7　褶子两股等长

5.【高级】-【尖褶】-【关闭尖褶】

该功能用于将一个打开的裁割尖褶替换成内部尖褶缝份线、剪口和钻孔，如图 3-8 所示。 【用户输入框】中可选择是否显示褶脚上的内部线、创建钻孔或剪口。

折叠弧线尖褶时，【包括折叠线】选项自动应用，折叠前两条褶线上的中间点数必须相同，否则系统提示"不正确的尖褶线"，如图 3-9 所示。

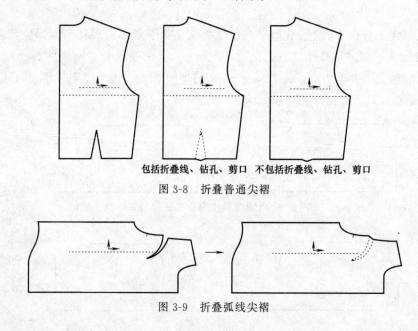

包括折叠线、钻孔、剪口　　不包括折叠线、钻孔、剪口

图 3-8　折叠普通尖褶

图 3-9　折叠弧线尖褶

　小贴士　

AccuMark V8.5 之前的版本只能折叠普通尖褶，AccuMark V9 版本不但可以折叠普通尖褶，也可以折叠弧线或折线尖褶。

6.【高级】-【尖褶】-【打开尖褶】

该功能用于打开一个关闭的或折叠的尖褶。 打开普通尖褶或弧线尖褶时需要用到折叠线，如果折叠线被删除，则打开成一个普通的 3 点尖褶，如图 3-10 所示。

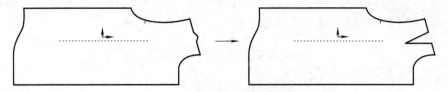

图 3-10　打开不包括折叠线的弧线尖褶

7.【高级】-【尖褶】-【转换为尖褶】

该功能用于将一个手动创建的尖褶转换成系统可识别的尖褶，如图 3-11 所示。 在【用户输入框】中可选择尖褶打开或折叠的状态。

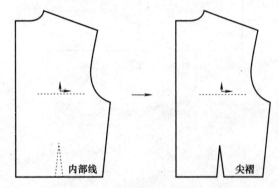

图 3-11　转换为系统可识别的尖褶

所选择的褶尖点不可以是线段的端点，否则系统提示"轴心点不能是终端点，请重选"。

二、褶裥功能

1.【高级】-【褶】-【变量褶】

该功能用来做两端延展量相同或不同的刀形褶或工字褶，如图 3-12 所示。

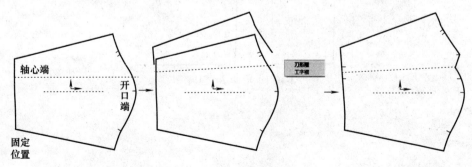

图 3-12　变量褶

2.【高级】-【褶】-【刀形褶】

该功能用来在样片所选线段上通过指定底衬量、褶的数量和褶间间距创建刀形褶，如图 3-13 所示。 在【用户输入框】中可选择需要加剪口的线、位置，以及剪口种类、深度等。

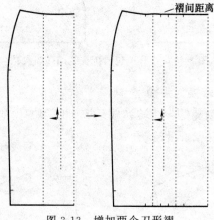

图 3-13 增加两个刀形褶

如果褶的数量为 1，系统则不会提示输入褶间距离以及选择褶的开向和褶底方向。

3.【高级】-【褶】-【工字褶】

该功能用来在样片所选线段上通过指定底衬量和褶的数量创建工字褶，如图 3-14 所示。【用户输入框】中【需要加剪口的线】和【需要增加剪口的位置】与【刀形褶】功能基本一致。

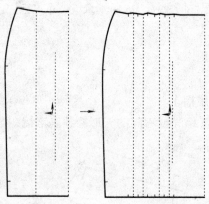

图 3-14 增加两个工字褶

【工字褶】的操作方法同【刀形褶】，只是不需要选择褶底方向。

4.【高级】-【褶】-【圆锥褶】

该功能用于创建一个一端固定不动，另一端延展的刀形褶或工字褶，如图 3-15 所示。

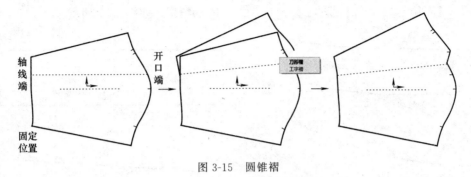

图 3-15 圆锥褶

【圆锥褶】的操作方法同【变量褶】，变量褶轴心端和开口端两端延展相同或不同的量，而圆锥褶一端固定不动，另一端延展。

三、延展弧度功能

1.【高级】-【延展弧度】-【延展弧度】、【一点延展弧度】

该功能组用于沿周边线或指定点到点的范围增加或减少延展量。

（1）【延展弧度】功能，沿样片周边线均匀地增加或减少延展量，如图 3-16 所示。

（2）【一点延展弧度】功能，从线段上的一个指定点到该线段的端点之间均匀地增加或减少延展量，如图 3-17 所示。

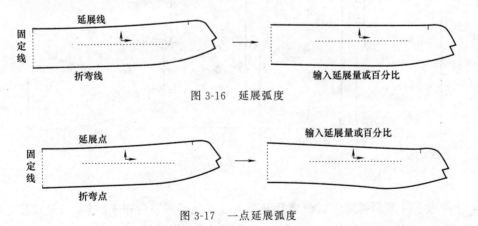

图 3-16 延展弧度

图 3-17 一点延展弧度

2.【高级】-【延展弧度】-【变量延展弧度】、【平行延展弧度】、【圆锥延展弧度】

该功能组用于在轴心端和开口端不均匀或者平行地延展弧度。

（1）【变量延展弧度】功能，沿分割线不均匀地增加或减少延展量，如图 3-18 所示。

（2）【平行延展弧度】功能，在轴心端和开口端的延展量相同，平行地将样片延展开，基本操作方法同【变量延展弧度】。

（3）【圆锥延展弧度】功能，一端延展弧度只在开口端有延展量，在轴心端的延展量为0，类似于【变量延展弧度】的轴心端延展量为0时的情况，如图3-19所示。

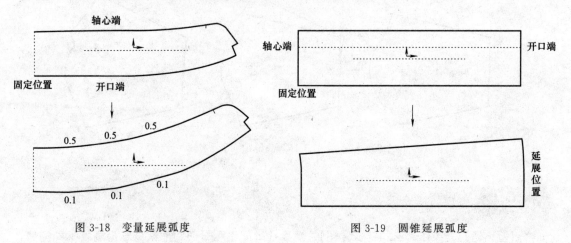

图 3-18　变量延展弧度　　　　　　　　图 3-19　圆锥延展弧度

3.【高级】-【延展弧度】-【扇形延展】

该功能用于分割并延展样片，定位样片的曲线以使其与其他样片的曲线相匹配。 延展的样片与目标片上选中的对应点按顺时针方向匹对。 如图3-20所示，将裙片下半部分根据上半部分的下边线进行扇形延展。

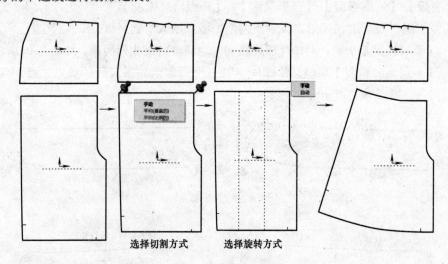

图 3-20　扇形延展

4.【高级】-【延展弧度】-【延展及分布】-【一端延展及分布】、【平行延展及分布】

该功能组用于在多个样片的一端或者两端平行增加延展量。

（1）【一端延展及分布】功能，用于在多个样片的分割线一侧增加延展弧度，如图3-21所示。

（2）【平行延展及分布】功能，可在多个样片上增加平行的延展量，基本操作方法同【变量延展弧度】，如图3-22所示。

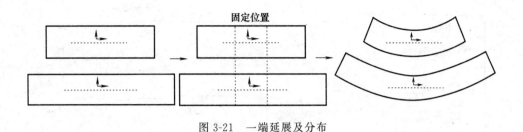

图 3-21 一端延展及分布

创建分割线时，所选的第一个点是支点，第二个点是要增加延展的点。

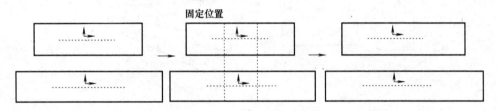

图 3-22 平行延展及分布

可以使用右键菜单中【选择全部】选项或快捷键"Ctrl+A"选择工作区中的所有样片。

四、不对称折叠

不对称折叠的功能组在【核对】-【折叠】菜单中。 该功能组可以沿连接两点的线段、尖褶线或褶线，而不是一根对称线进行样片的折叠。

折叠后的样片可以使用PDS中的多项功能做进一步的修改。除了【折叠活褶】功能允许折叠两次之外，一般每个样片只允许折叠一次。

（1）【点对点折叠】功能，将两个选择的点对应，生成一条折叠线，以折叠样片。

（2）【沿线折叠】功能，将样片沿一根内部线折叠。

（3）【线对线折叠】功能，将样片根据选定的两条线段折叠。

（4）【沿两点折叠】功能，沿样片周边线/裁缝线上两点创建一根折叠线进行折叠。 图3-23所示显示的是西装翻领处的翻折线。

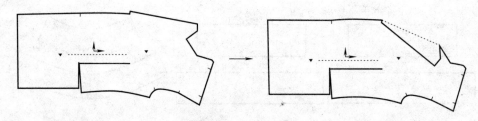

图 3-23　沿两点折叠

（5）【折叠尖褶】功能，折叠一个现有的尖褶，将其移动到样片的其他位置。 该功能可用于折叠裙片腰部尖褶后，将周边线做整体修改，如图 3-24 所示。

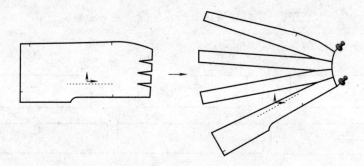

图 3-24　折叠尖褶后修改周边线

小贴士

　　AccuMark V9 中折叠单个或多个尖褶后，使用【修改】-【修改点】-【顺滑随意移动】功能可以编辑整条周边线。

（6）【折叠活褶】功能，选择褶上两点，系统根据两点连线中间点上的垂线确定折叠线。 图 3-25 所示是检查折叠后活褶周边的形状。

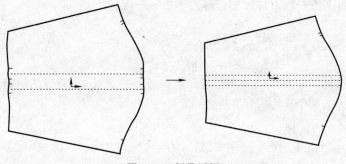

图 3-25　折叠活褶

（7）【打开折叠片】功能，用于打开折叠的样片。 可选择【打开并保留折线】功能，在打开折叠片的同时保留原来的折叠线，如图 3-26 所示。

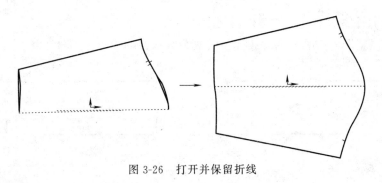

图 3-26　打开并保留折线

第二节 ▶ 缝份功能

一、缝份线

1.【高级】-【缝份】-【定义缝份】

该功能组可以按线段或按样片为一个或多个样片设置缝份，如图 3-27 所示。 可在【用户输入框】中通过选择【缝份线种类】中的【手动-平均】或【手动-不平均】选项设置缝份量。

可在【编辑缝份线属性】对话框。 中选择如下的缝份线选项。

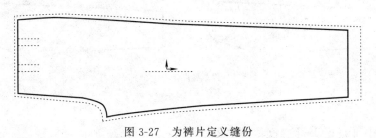

图 3-27　为裤片定义缝份

【保持缝份线属性】：使用样片上已设定的缝份线属性。

【编辑缝份线属性】：应用定义缝份时设置的属性。

【缝份线延伸】：设定缝份时应用缝份线延伸。

【产生缝份/缝份角】：在绘制和产生排版规范时，缝份线和缝份角从放缩的尺码上产生。

【放缩缝份/缝份角】：缝份线和缝份角使用放缩尺码上的放缩规则放缩。

【自动更新缝份线】：当修改样片时，调整缝份线使其匹配修改后的周边线/裁割线。

【忽略放缩规则】：在保持放缩规则的前提下，根据样片周边线更新缝份线形状。

【调校缝份线放缩】：创建修改的放缩规则，以使缝份线在放缩尺码间保持平行。

【复制放缩规则】：将原来样片周边线上的放缩规则复制到系统生成的缝份线上。

 小贴士

AccuMark V9 移除【加上/移除缝份线】功能，该功能可以显示或隐藏选定样片的缝份线。

2.【高级】-【缝份】-【创建缝份属性】

该功能组可将沿周边线的内部线设置成具有 S 属性的缝份,如图 3-28 所示。

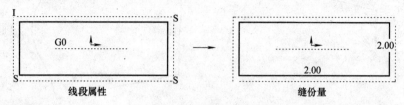

图 3-28　创建缝份属性

3.【高级】-【缝份】-【复制无缝份片】

该功能复制样片的几何形状,但不包括样片中的缝份和缝份角信息。 如图 3-29 所示,当使用【PDS 信息栏】中的【隐藏缝份线】选项时,只有原样片中的缝份线被隐藏,系统将缝份线复制成具有 S 属性的内部线。 编辑新的复制样片时,不会受到系统生成的角的限制。

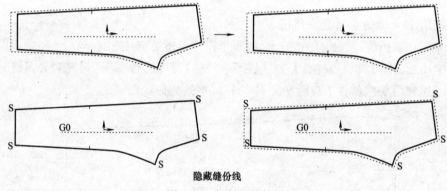

图 3-29　复制无缝份片

4.【高级】-【缝份】-【交换裁缝线】

该功能可交换裁割线和缝制线来作为样片的周边线/裁缝线。 当对一个样片定义正缝份时,原样片周边线/裁缝线显示为实线,而其裁割线显示为虚线。 使用该功能后,裁割线变为实线,而缝制线变为虚线。

储存 AccuMark 样片时,裁割线或缝制线均可作为样片的周边线;当样片被导入排版图制作时,系统将裁割线设置成样片的周边线。

可在【读图的缝份角】中选择如下的读图缝份角选项。

【忽略】:将每一根缝份内部线和相应的周边线进行交换。 如果在样片中有系统生成的缝份角,则这些角也会被自动包括在交换的范围内。

【移除】:移除手动生成的缝份角。

【手动/解除关系】:完成样片的交换,并且保留原有的手动缝份角的外形。

•【放缩规则】选项与【定义缝份】功能【编辑缝份线属性】对话框中相应的选项功能一致。

•【复制点的编号】:将样片的点编号从周边线复制到缝份线上。

当样片缝份设为产生缝份/缝份角属性时，使用【调整缝份线放缩】选项，可以保持样片的放缩形状。如交换裁缝线时未选中该选项，系统则会出现图 3-30 所示的提示。

图 3-30　系统错误提示

5.【高级】-【缝份】-【切换周边线】

该功能可设定样片周边线状态为车缝线或裁割线，如图 3-31 所示。可在【用户输入框】中选择周边线的种类为车缝线还是裁割线。

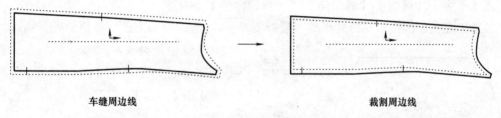

车缝周边线　　　　　　　　　　　　　　　　裁割周边线

图 3-31　切换周边线

6.【高级】-【缝份】-【更新缝份属性】-【更新缝份线】、【放缩缝份角】、【产生缝份角】

（1）【更新缝份线】功能，根据对周边线/裁缝线所作的修改来更新非周边线/裁缝线的缝份线，或如果样片先前使用了放缩缝份/缝份角，该功能可用来编辑缝份线的设置，如图 3-32 所示。【缝份线放缩规则】选项和【编辑缝份线属性】对话框与【定义缝份】功能相同。

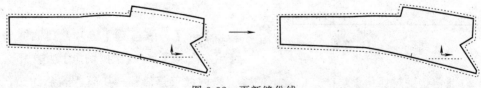

图 3-32　更新缝份线

（2）【放缩缝份角】功能，改变缝份属性，将周边线上的放缩规则应用到缝份和缝份角上。

放缩缝份/缝份角可以在【设定缝份量】和【更新缝份线】功能选项中设置。

（3）【产生缝份角】功能，对样片周边线进行修改时，非周边线也会进行相应的更新，缝份和缝份角根据每个放缩尺码来创建。该功能与【更新缝份线】功能相似，但样片被修改时保留了周边线与缝份线的关联性。

AccuMark V9 中移除【重设缝份量】功能，该功能用来解除样片上针对任何线段手动设定的缝份量。

二、缝份角

1.【高级】-【缝份】-【缝份角】-【去除缝份角】

该功能可清除缝份角上的任何角度的操作，包括对相邻裁割线设定的剪口。可在【用户输入框】中选择去除点的缝份角或者整个样片上的所有缝份角。

2.【高级】-【缝份】-【缝份角】-【一般缝份角】

该功能在裁割线正常交接处形成一般缝份角。可清除缝份上的特殊缝份角，也可为裁割线增加缝份角剪口。如图 3-33 所示，选项中设置了缝份角使用的【剪口类型】、剪口【种类】和【深度】，以及剪口加在缝份角线的位置。

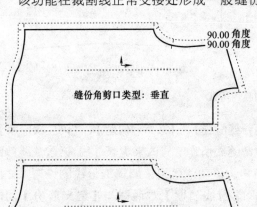

图 3-33　剪口类型

3.【高级】-【缝份】-【缝份角】-【顺延切角】、【等边随意切角】、【两边随意切角】

（1）【顺延切角】功能，将每条缝制线延长并交接到相邻的裁割线上，在两个交接点之间生成一条新的边，剪切原来的缝份角，如图 3-34 所示。【用户输入框】中的选项与【一般缝份角】相同，但该功能无法激活【选取点】或【选取样片】选项，其他缝份角的【用户输入框】与【顺延切角】功能相同。

（2）【等边随意切角】功能，将角上的缝份修剪成平直形状，从而达到节约布料的目的，如图 3-35 所示。切角的缝份量可以通过切换至数值模式下输入新位置的距离来确定。

（3）【两边随意切角】功能，将角上的缝份修剪成平直形状，但两条边不相等，如图 3-36 所示。该功能基本操作方法与【等边随意切角】相同。切割部分的尺寸可以通过切换

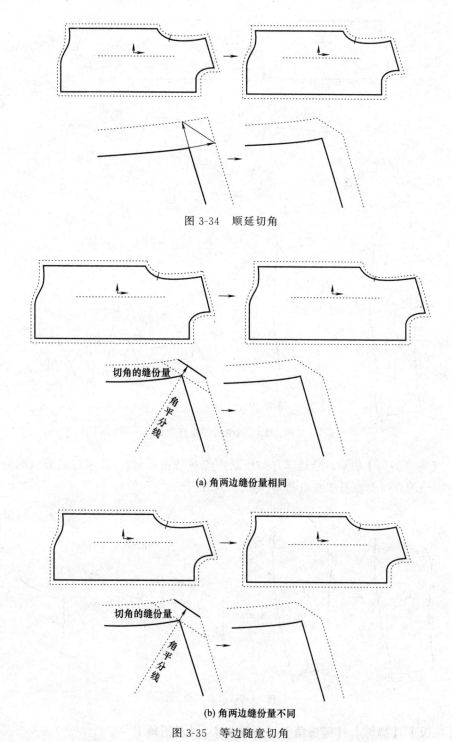

图 3-34 顺延切角

(a) 角两边缝份量相同

(b) 角两边缝份量不同

图 3-35 等边随意切角

至数值模式下输入新位置的距离来确定。

4.【高级】-【缝份】-【缝份角】-【两侧延伸垂直角】、【垂直斜角】

（1）【两侧延伸垂直角】功能，如图 3-37 所示，可按照缝份量的宽度创建一个延伸垂直角。

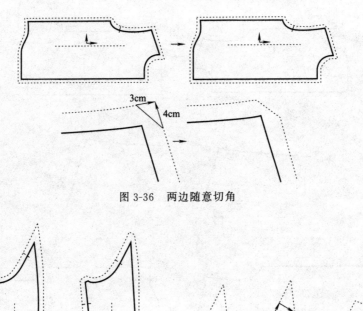

图 3-36　两边随意切角

图 3-37　两侧延伸垂直角

（2）【垂直斜角】功能，沿延伸方向移动角点将缝份延伸。 系统在延伸以后的端点和另一条缝制线的交点连线形成垂直斜角，如图 3-38 所示。

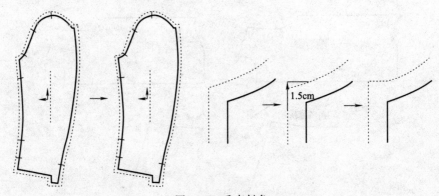

图 3-38　垂直斜角

5.【高级】-【缝份】-【缝份角】-【反映角】、【反折角】

（1）【反映角】功能，创建一个根据选中的折叠线对称绘制的角，袖口缝份角如图 3-39 所示。

（2）【反折角】功能，在线段的两个端点均创建一个反映角，如图 3-40 所示。

【用户输入框】中增加了【多层反折】选项，用以设置第二层和第三层反折量，如每层追加的反折量大于上一层，则系统出现如图 3-41 所示的提示。

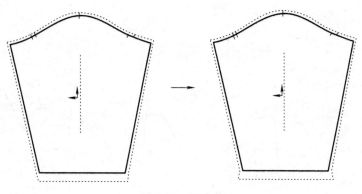

图 3-39　反映角

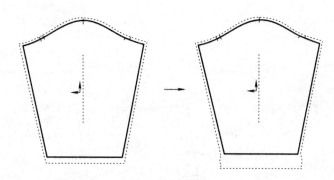

图 3-40　反折角

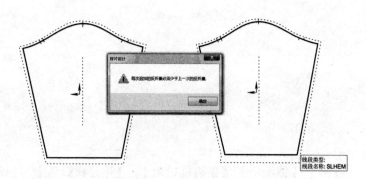

图 3-41　系统错误提示

6.【高级】-【缝份】-【缝份角】-【两边斜削角】、【包封角】

（1）【两边斜削角】功能，在小于 90°的角上创建两边斜削角。 将样片的每一根缝份线按预先设定的缝份量向内移动，然后再延长这些平移的线段，使其与裁割线相交。 在交点处作平移线的垂直线，两条垂线相交后即形成两边斜削角，如图 3-42 所示。

（2）【包封角】功能，将一根线段按设定的缝份量在缝制线内进行平移从而生成包封角，以移除多余的缝份。 在原缝制线的交叉点处绘制一条角平分线至平移线段的交叉处，该角平分线按缝制线进行对称操作，通过光标模式或输入该线段平移的缝份量生成包封角，使得该线段可用来缝合，如图 3-43 所示。

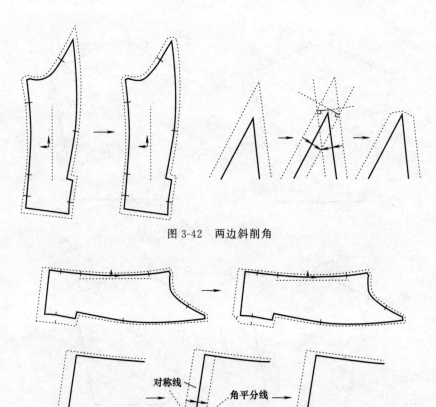

图 3-42 两边斜削角

图 3-43 包封角

该角与【等边随意切角】相似,与其不同的是,【包封角】的边并不一定是一条直线,因为它是一个斜接角,该角通常用于样片的开衩部位。

7.【高级】-【缝份】-【缝份角】-【垂直梯级角】、【平分梯级角】、【倾斜梯级角】

(1)【垂直梯级角】功能,创建垂直的梯级角并改变该处的缝份量,梯级角所生成的线

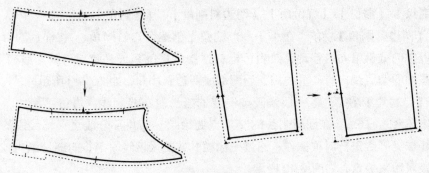

图 3-44 垂直梯级角

段和该角的邻线相互垂直，袖开衩的垂直梯级角如图 3-44 所示。【用户输入框】中可选择曲线的类型，如图 3-45 所示。【平分梯级角】和【倾斜梯级角】的【用户输入框】与该功能相同。

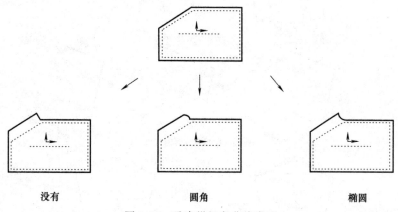

没有   圆角   椭圆

图 3-45 垂直梯级角曲线类型

　　该功能可应用在直线上，也可应用于角上。倒褶裥和开衩部位是最常用的实例。在应用【垂直梯级角】之前，需分割即将应用角的线段；分割点处生成放缩点，以便更好地控制放缩尺码中的放缩和缝份线。

（2）【平分梯级角】功能，生成平分指定角的梯级角，并同时修改缝份量。 系统为梯级角生成一条线段，该线段将相邻两条线段所组成的角平分，如图 3-46 所示。

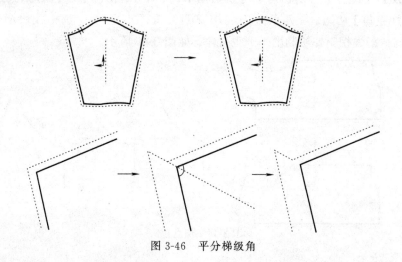

图 3-46 平分梯级角

（3）【倾斜梯级角】功能，生成自定义倾斜度的倾斜梯级角，并同时修改缝份量。 用户可通过设定倾斜梯级角距垂直位置的位移或输入倾斜角度的方法来设定梯级角，如图 3-47 所示。

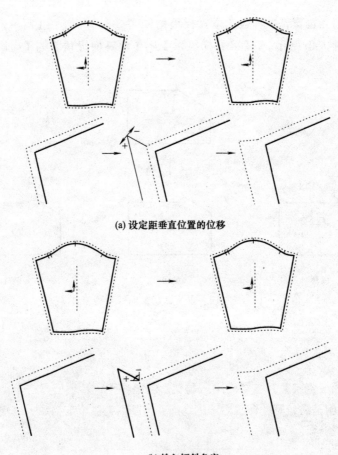

(a) 设定距垂直位置的位移

(b) 输入倾斜角度

图 3-47　倾斜梯级角

8.【高级】-【缝份】-【缝份角】-【切直角】、【对应缝份角】、【配对式切直角】

（1）【切直角】功能，在两条裁割线相交的位置切出直角。 选中线段所对应的缝制线，延长后与裁割线相交并绘制出一个垂直角，如图 3-48 所示。

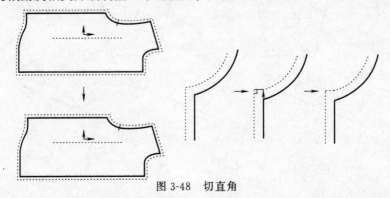

图 3-48　切直角

 小贴士

任何需要缝合在一起的侧缝线，都尽可能地趋近 90°，缝合后才不会出现凹凸现象。

（2）【对应缝份角】功能，创造出一个曲线角，使两个样片的裁割线相互间能够匹配，如图 3-49 所示。系统在两个样片上都生成了一个角，角的外形和对应样片上裁割线的外形相吻合，并可用于放缩尺码。

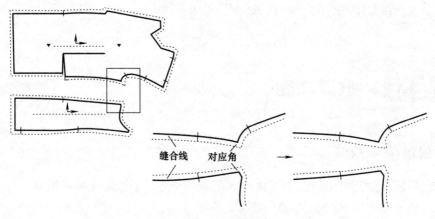

图 3-49　对应缝份角

（3）【配对式切直角】功能，创建切直角，并使两个样片的裁割线在外形和长度上可以相互匹配。在参照样片和目标样片上生成直角，且目标样片根据参照样片在对应样片上生成，确保对应的裁割线有相同的长度，如图 3-50 所示。

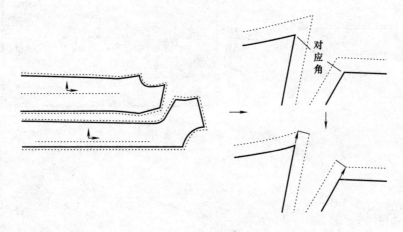

图 3-50　配对式切直角

小贴士

　　缝份角功能常用在刀背缝、两片袖，或任何一个缝份外形和裁割线长度需要与对应片匹配的样片上。

9.【高级】-【缝份】-【缝份角】-【手动解除切角关系】
该功能可手动解除切角关系，使该角的外形可以被独立操作。

当一个角的关系被解除后，系统不会在样片发生改变时再重新生成该角或对该角进行更新；如希望系统再次开始更新该角，则需要用户重新生成。

第三节 ▶ 放缩功能

一、创建/修改放缩

1.【放缩】-【创建/编辑放缩】-【修改 X/Y 放缩值】、【创建 X/Y 放缩值】

（1）【修改 X/Y 放缩值】功能，修改网状样片中的一个或多个尺码组，但不影响其他的尺码组。可以通过输入 X 和 Y 的修改值进行编辑，或者使用鼠标手动地移动点，如图 3-51 所示。可在【用户输入框】中选择放缩规则应用于哪个端点。

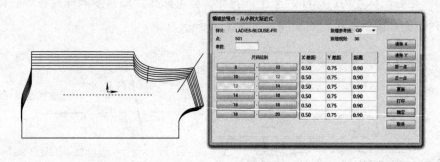

图 3-51 修改 X/Y 放缩值

除了基准尺码外，所有的尺码均可以被编辑。

如果改变 X 或 Y 的放缩值，距离域内的值也会受到相应的影响；如果修改了距离域中的值，同样 X 或者 Y 的放缩值也会受到相应的影响。必须点击【更新】按钮查看所作的修改。

如果希望使用光标在网状样片上手动编辑放缩，可以点击某个尺码组按钮来选择工作区中的对应点，使用鼠标在工作区中重新定位该点，编辑表中的数值会根据操作得到相应的更新。

如果样片设定了多个布纹线，则需要为点选择一条布纹线。

（2）【创建 X/Y 放缩值】功能，在一个放缩或没有放缩的样片上创建放缩规则，而无需使用规则表中的放缩规则。在【创建放缩点】对话框中，为放缩点指定【X 差距/ Y 差距】值，如图 3-52 所示。

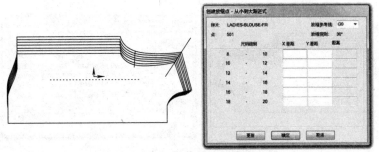

图 3-52　创建 X/Y 放缩值

当所做的更改被更新后，系统会为样片中的所有尺码生成X/Y放缩值。编辑表中没有填充的单元格则被填上与前一个增量相同的值或赋予其零值。

2.【放缩】-【创建/编辑放缩】-【修改平行放缩值】、【创建平行放缩值】

（1）【修改平行放缩值】功能，根据周边线而不是放缩点的 X、Y 增量来编辑放缩规则，如图 3-53 所示。

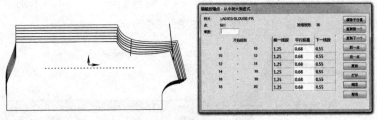

图 3-53　修改平行放缩值

（2）【创建平行放缩值】功能，根据周边线而不是放缩点的 X、Y 增量来创建放缩规则，如图 3-54 所示。

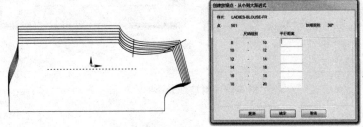

图 3-54　创建平行放缩值

使用【修改 X/Y 放缩值】、【修改平行放缩值】和其他放缩功能时，可对放缩值进行数学运算，如图 3-55 所示。

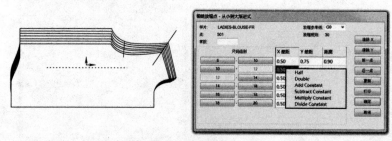

图 3-55　放缩值数学运算

1. 负值仅表示放缩方向，常量值表示放缩数量，不影响正负方向。

2. 勾选用户输入框中的【保持其他放缩】选项，才能在编辑放缩点对话框【距离】列中选中多个值进行数学运算。

3.【放缩】-【创建/编辑放缩】-【对应线长】

（1）【对应线长/调校 X 值】功能，创建与缝合样片的线段长度匹配的放缩线段长度。该功能在 X 轴方向上创建增量值，并保持现有的 Y 轴数值不变。可用于确定袖子腋下点的 X 放缩值，而袖根处的 Y 增量值已经存在，如图 3-56 所示。

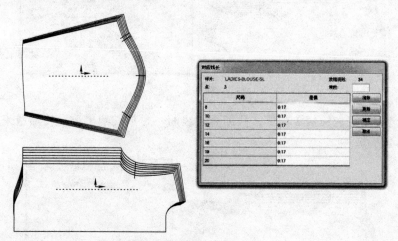

图 3-56　对应线长/调校 X 值

使用该功能之前，需将袖山分割开，以便区别前袖山和后袖山。

（2）【对应线长/调校 Y 值】功能，用来创建与缝合样片线段长度匹配的放缩线段长度。但该功能是在 Y 轴方向上创建增量值，保持现有的 X 轴数值不变，如图 3-57 所示。

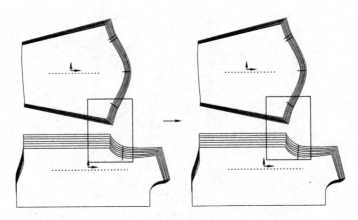

图 3-57　对应线长/调校 Y 值

（3）【对应线长/顺延调校】功能，创建延伸线方向的放缩，确保所选线段的长度匹配，如图 3-58 所示。

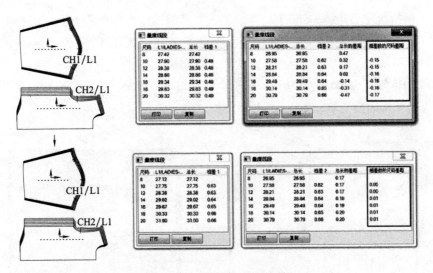

图 3-58　对应线长/顺延调校

　　【对应线长/顺延调校】功能是 AccuMark V9 新增的功能，类似于之前版本的【对应线长/调校 X 值】和【对应线长/调校 Y 值】功能。

　　4.【放缩】-【创建/编辑放缩】-【保持角度边】-【放缩点保持角度】、【保持角度边/调校 X 值】、【保持角度边/调校 Y 值】、【保持角度边线延伸】

　　（1）【放缩点保持角度】功能，在一个点上创建一个放缩规则，以使该点在基准码中的角度在所有尺码中都被保留。如图 3-59 所示，领片的领圈线被放缩后，可以使用该功能来放缩领片上的点，使其在所有尺码中保持相同的角度。

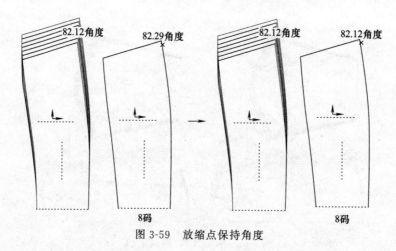

图 3-59   放缩点保持角度

（2）【保持角度边/调校 X 值】功能，在一个点创建一个放缩规则，以使相邻角基准码的角度在所有尺码中都保持一致。该功能只在 X 轴方向上创建增量值，同样两条线段，其中一根可以为内部线。

（3）【保持角度边/调校 Y 值】功能，在一个点创建一个放缩规则，以使相邻角基准码的角度在所有尺码中都保持一致。该功能只在 Y 轴方向上创建增量值，同样两条线段其中一根可以为内部线。

（4）【保持角度边线延伸】功能，在一个点创建一个放缩规则，以使相邻角基准码的角度在所有尺码中都保持一致，如图 3-60 所示。

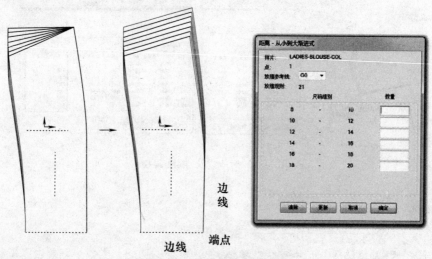

图 3-60   保持角度边线延伸

5.【放缩】-【创建/编辑放缩】-【平行】-【平行放缩/调校 X 值】、【平行放缩/调校 Y 值】、【平行延伸】

（1）【平行放缩/调校 X 值】功能，在一个点创建一个放缩规则，使交叉点两根线段中的一根在所有尺码中互相平行。该功能只在 X 轴方向产生增量。图 3-61 所示为运用该功能使肩线构成平行放缩。

（2）【平行放缩/调校 Y 值】功能，在一个点创建一个放缩规则，使交叉点两根线段中

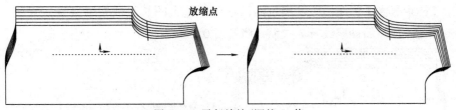

图 3-61 平行放缩/调校 X 值

的一根在所有尺码中互相平行。 该功能只在 Y 轴方向产生增量。 图 3-62 所示为保持原放缩点的 X 值不变，调校 Y 值使袖窿线构成平行放缩。

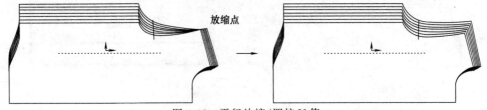

图 3-62 平行放缩/调校 Y 值

（3）【平行延伸】功能，在所有尺码中建立一根与基准码平行的线段，线段的长度可在所有尺码中放缩。 图 3-63 所示为下罩杯样片，A 点和 B 点的放缩已知，现需为 C 点创建一个新的放缩规则，以确保在所有放缩尺码中该线可以保持平行。

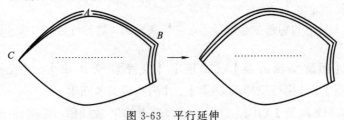

图 3-63 平行延伸

6.【放缩】-【创建/编辑放缩】-【指定距离】、【指定长度】

（1）【指定距离】功能，用于使剪口的位置沿线段的方向以指定的距离放缩。 如图 3-64 所示，剪口点沿袖窿线方向在每个尺码上沿线放缩，档差为 0.5cm。

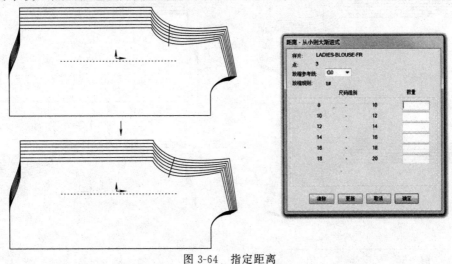

图 3-64 指定距离

（2）【指定长度】功能，通过指定线段在各尺码上的长度或差值来确定线段的放缩。如图 3-65 所示，肩点沿袖窿线方向放缩，档差为 0.5cm。

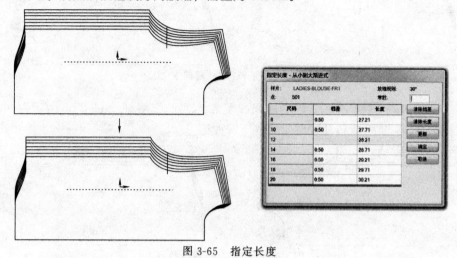

图 3-65　指定长度

【指定长度】功能是 AccuMark V9 新增功能。

【档差】和【长度】栏显示的是线段当前在各尺码的差值和长度，可手动编辑。

7.【放缩】-【创建/编辑放缩】-【交接】-【交接/调校 X 值】、【交接/调校 Y 值】、【平行交接/参考点】、【平行交接/定距离】、【内线相交放缩】

（1）【交接/调校 X 值】功能，创建内部线端点的 X 放缩值，使其在已知 Y 值的情况下与放缩后的尺码周边线相交，如图 3-66 所示。

（2）【交接/调校 Y 值】功能，创建内部线端点的 Y 放缩值，使其在已知 X 值的情况下与放缩后的尺码周边线相交，如图 3-67 所示。

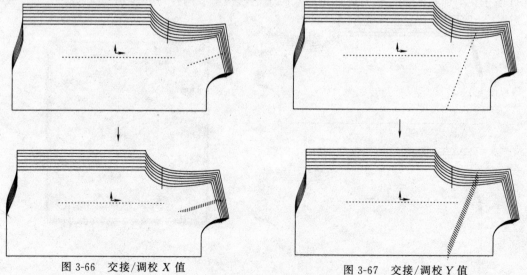

图 3-66　交接/调校 X 值　　　　　　　　　图 3-67　交接/调校 Y 值

（3）【平行交接/参考点】功能，在一个端点被放缩后，使用该功能创建内部线的另一个端点的 X 和 Y 放缩值，使内部线在所有尺码中保持平行，并与周边线相交，如图 3-68 所示。

（4）【平行交接/定距离】功能，在指定移位量后，运用该功能创建内部线一个端点的 X 和 Y 放缩值，使内部线与放缩后尺码的周边线相交，如图 3-69 所示。

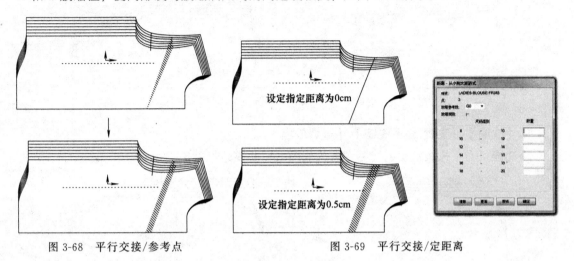

图 3-68　平行交接/参考点　　　　　　　图 3-69　平行交接/定距离

（5）【内线相交放缩】功能，为两条放缩后的内部线交叉点创建一个新的放缩规则。如图 3-70 所示，放缩后的两条内部线不相交，使用该功能将为两条线段的交叉点创建一个放缩规则。

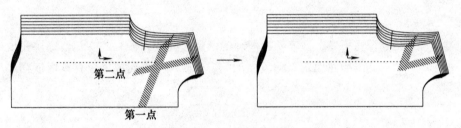

图 3-70　内线相交放缩

（6）【周边线相交比例放缩】功能，为一条内部线和另一条线的交叉点创建一个比例放缩规则，系统自动创建放缩规则并应用于内部线的端点，如图 3-71 所示。

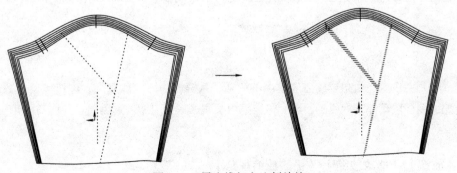

图 3-71　周边线相交比例放缩

8.【放缩】-【创建/编辑放缩】-【平均分布】

该功能可在最小码和基准尺码之间及最大码和基准尺码之间来自动分布放缩值。可在【用户输入框】中选择调校选中的点在所有尺码中的放缩，或只调整基准尺码和所选尺码之间的尺码，如图 3-72 所示。

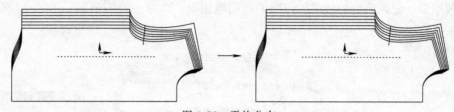

图 3-72 平均分布

9.【放缩】-【创建/编辑放缩】-【顺滑放缩】

该功能可沿着弧线自动创建更顺滑的放缩纸样曲线，如图 3-73 所示。

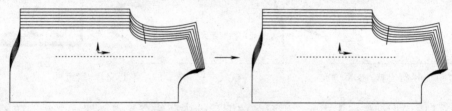

图 3-73 顺滑放缩

基准尺码的形状保持不变，但放缩后尺码的形状可能会有很大的变化，取决于现有的放缩值及所选的点。该功能与沿弧线去除放缩规则，再使用【增加放缩点】来将放缩点放置回去的效果相同。

二、修改放缩

1.【放缩】-【修改放缩】-【增加放缩点】

该功能可在样片的周边线或内部线上建立一个中间点，并将其转化成放缩点。

选择中间点或者任意想要建立放缩点的位置，系统增加一个放缩点，也可以通过数值模式输入放缩点距线段起点或终点的距离。该放缩点被赋予一个放缩规则编码，并标有"＃"标记。

2.【放缩】-【修改放缩】-【更改放缩规则】

该功能可修改当前工作区中显示的点的放缩规则，如图 3-74 所示。该放缩规则的编号必须已经在放缩表中列出。

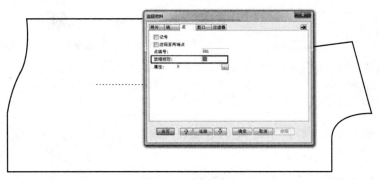

图 3-74 更改放缩规则

如需将当前点的放缩去除并修改为一个普通点，则将放缩规则改成"-1"即可。

3.【放缩】-【修改放缩】-【导出放缩表】

该功能可向一个现有的放缩表导出放缩规则。如放缩表不存在，系统则会生成一个新的放缩表。该放缩表必须与有放缩规则的样片相同的基准码和尺码行。可在【用户输入框】中，选择【指定放缩表】选项，为样片或款式指定某个规则表，或选择【导出放缩为RUL文件】选项，将放缩表导出为RUL文件，用户可以选择保存位置。

如样片的尺码行与放缩表的尺码行不同，则系统提示"尺码行不对应"；当样片和放缩表的尺码行不匹配时，则不能导出规则，如图3-75所示。

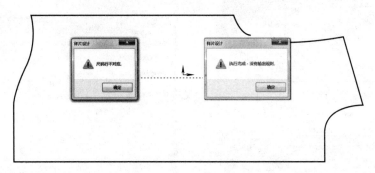

图 3-75 系统错误提示

4.【放缩】-【修改放缩】-【复制放缩】-【复制放缩资料】、【复制放缩表规则】、【复制 X 放缩值】、【复制 Y 放缩值】、【复制网点放缩】、【复制叠合后 X 值】、【复制叠合后 Y 值】

（1）【复制放缩资料】功能，在点与点之间或样片与样片之间复制放缩规则。

系统可以在点与点之间复制放缩规则,也可以在样片之间复制放缩规则。如果系统提示两个样片间的放缩点数量不同,在目标样片或参照样片中选择不匹配的点,这些点将被系统忽略,且不改变放缩规则。

(2)【复制放缩表规则】功能,输入放缩规则编号,将现有放缩表中的指定放缩规则赋予某个样片。

(3)【复制 X 放缩值】、【复制 Y 放缩值】功能,复制一个放缩点的放缩规则的 X 增量或者 Y 增量到另一个点上。

(4)【复制网点放缩】、【复制叠合后 X 值】、【复制叠合后 Y 值】这三个功能与【叠合点开/关】功能配合使用,用于将某一点的放缩规则的 X 增量和 Y 增量值同时复制到另一个点上,或将一个点的放缩规则所显示的 X 增量或者 Y 增量复制到另一个点上。

5.【放缩】-【修改放缩】-【更改正负值】-【更改正负 X 值】、【更改正负 Y 值】

该功能组可更改放缩规则中 X 值或 Y 值的正负号。

6.【放缩】-【修改放缩】-【旋转 90°】

该功能可通过将放缩点的增量顺时针旋转 90° 来更改放缩规则。

三、编辑尺码行

1.【放缩】-【尺码行】-【指定放缩表】

该功能可为样片指定一个新的放缩表,从而使样片按照新放缩表中的尺码和规则放缩,如图 3-76 所示。

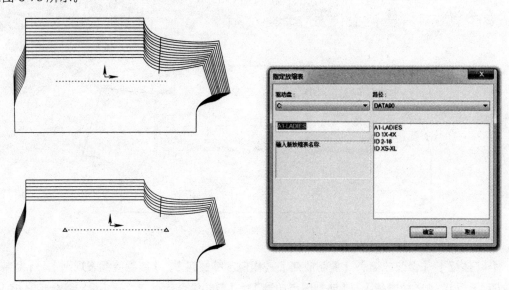

图 3-76 指定放缩表

赋予样片新的放缩表后,该样片将自动标记为新放缩表的基准码,并采用新放缩表的放缩和尺码行。如该样片中有该放缩表中不存在的放缩规则,这些放缩点将不会被赋予放缩值。

2. 【放缩】-【尺码行】-【建立全部尺码】

　　该功能可为不同尺码的多个样片建立网状显示。 【用户输入框】的【尺码行】中,可选择【应用基准码的尺码行】,使用基准样片的尺码行,或选择【创建新的尺码行】,为网状片建立一个新的尺码行。 创建新的尺码行对话框被激活,为新的尺码行输入相应的信息,如图 3-77 所示。 同时,可选择样片上的点或样片的中心点来重叠网状样片。

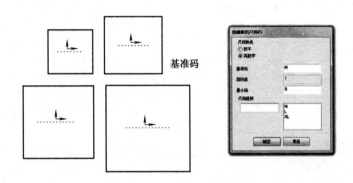

图 3-77　创建新的尺码行

3. 【放缩】-【尺码行】-【放缩选项】

　　该功能可更改放缩的显示方式。

　　可在如下的【放缩选项】对话框中设置不同的放缩选项。 【从小到大渐进式】选项由小至大,数值是每个尺码之间的差距。 如均匀放缩,只计算最小码。

　　【从基准码上下累积式】以基本码为中心,向小码及大码两个方向放缩,数值是尺码与基本码之间的差距。

　　【从基准码上下渐进式】以基本码为中心,向小码及大码两个方向放缩,数值是每个尺码间的差距。

4. 【放缩】-【尺码行】-【复制尺码行】

　　该功能可将尺码行从一个样片复制到另一个样片上。 如果尺码行在一个样片上被编辑,则可使用该功能在其他样片上更新尺码范围。

5. 【放缩】-【尺码行】-【基准码】-【改变基准码】、【改变基准尺寸】

　　(1)【改变基准码】功能,可改变样片的基准码。 该功能仅改变基本码的尺码,并不改变各个尺码的尺寸。

　　(2)【改变基准尺寸】功能,将样片放缩尺码的某个尺寸作为样片基准码的尺寸。【尺码调整量(+/-)】在放缩尺码某个尺寸的基础上调整一定的量。

6.【放缩】-【尺码行】-【修改尺码行】-【跳码值】、【重新分布放缩量】、【编辑尺码组别】、【尺码重命名】

（1）【跳码值】功能，原有尺码的大小保持不变，而尺码行则会针对新的跳码值和新的尺码进行更新。

（2）【重新分布放缩量】功能，将原有的 X/Y 放缩量改变成为另外一个跳码值。 该功能使得除基准码外的全部尺码发生变化，尺码行也会随着新的跳码值更新，如图 3-78 所示。

> 因采用英数字方式命名尺码的样片中并不存在跳码值的情况，所以该功能仅被用于带有数字尺码的样片上。（软件的选项"英数字"）

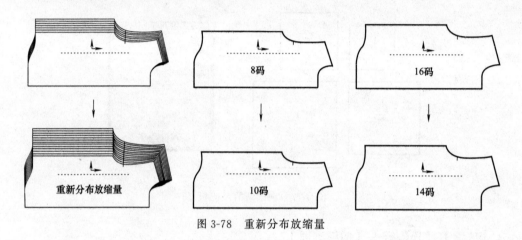

图 3-78　重新分布放缩量

（3）【编辑尺码组别】功能，增加或删除尺码组别。 根据一个样片使用的是数字还是英数字的尺码行，该功能的使用有所不同。

（4）【尺码重命名】功能，为样片中所有尺码或特定尺码重命名。

> 只有使用英数字尺码的样片才可以使用该功能；而数字尺码无法重命名，因为尺码的名称是基于数字和跳码值的。

四、检视放缩

1.【放缩】-【显示放缩】-【全部尺码】

该功能可使用网状方式显示选中样片的全部尺码，所有尺码与样片的放缩表相对应。修改样片时，仍保持网状显示方式，所有的编辑都只在基准码上进行。

2.【放缩】-【显示放缩】-【指定尺码】

该功能可使用网状方式显示选定的尺码。

3.【放缩】-【显示放缩】-【尺码组别】

该功能可使用网状方式显示放缩样片的尺码组。 如选择尺码组别，需勾选【选择尺码】选项。

4.【放缩】-【显示放缩】-【变更尺码】

该功能用以显示样片上的变更。

5.【放缩】-【显示放缩】-【叠合放缩】

该功能将样片按照选定的点叠合并显示放缩，如图 3-79 所示。 【两点叠合】选项，用于根据两点对放缩样片进行叠合。

小贴士

　　使用【放缩】菜单中任一命令来显示网状放缩的样片，然后应用【叠合放缩】功能，选择新的叠合点。选择现有的叠合点可以清除该点的叠合信息。

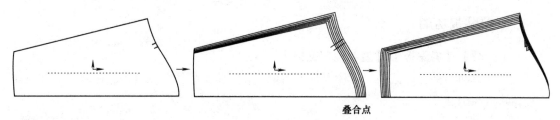

叠合点

图 3-79　显示样片的叠合放缩

6.【放缩】-【显示放缩】-【F 线旋转】

该功能可将样片根据水平的 F 旋转线叠合后，网状显示所有尺寸如图 3-80 所示。 F 旋转线是通过两个带有 F 属性的点建立起来的。

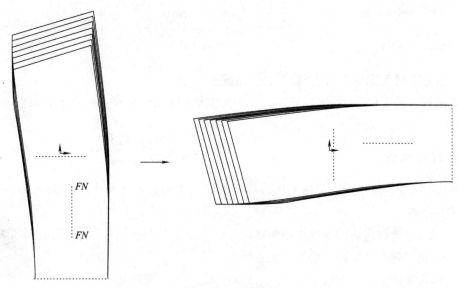

图 3-80　F 线旋转

小贴士

系统根据样片上 *F* 旋转点的连线旋转样片，工作区中显示的样片方位就是其在排版图中的实际方位。

7.【放缩】-【显示放缩】-【清除网状显示】

该功能可清除样片的网状显示方式。

第四节 ▶ 其他功能

本小节简单介绍 AccuMark PDS 中【剪贴板】、【样片向导】和【起草绘图】菜单的功能。

一、剪贴板功能

1.【核对】-【剪贴板】-【复制到剪贴板】

该功能可将当前工作区中的样片复制到剪贴板，此图像可粘贴到其他程序中并创建一个文档，如图 3-81 所示。

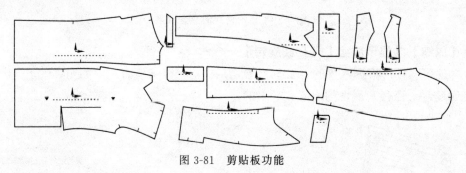

图 3-81 剪贴板功能

2.【核对】-【剪贴板】-【1:1 复制到剪贴板】

该功能将当前工作区中的样片按实际尺寸复制到剪贴板，同样可粘贴到其他程序中创建一个文档。

二、样片向导

【样片向导】功能可通过创建并运行样片脚本自动创建和修改样片。样片向导功能可用于不同的用途。

（1）通过量度规格表创建网状放缩样片。

（2）为常用服装类型样片提供脚本文件。

（3）创建脚本文件获得基本样片，在 PDS 中进一步作样片修改。

（4）以量度规格表尺寸为依据，为成本计算快速生成样片。

　　系统提供预先设定的脚本文件，包括男装、女装、童装和工装等，系统也提供了相对应的量度规格表，包含插图说明的量度规格及尺寸，存储于 C: \ ProgramData \ Gerber Tech-nologY \ Silhouette 2000 \ Scripts \ Samples 文件夹下。 用户可以使用提供的量度规格表，或使用修改后的量度规格表生成所需的样片。

　　运行定义的脚本文件，确定量度规格表，选择单一尺码、多个尺码或网状放缩，重命名样片。 点击工作区以定位样片，如图 3-82 所示。

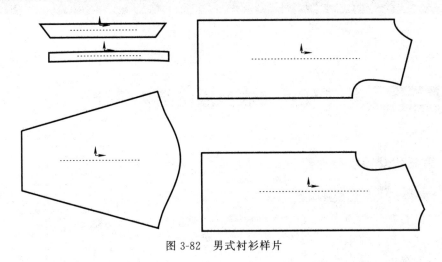

图 3-82　男式衬衫样片

三、起草绘图

　　由于起草绘图功能需要配合 Silhouette 使用，通过软件和硬件之间的有机结合，可以立刻应用于传统的样片制作过程中，而无须改变用户原来的操作方式。

　　使用了 Silhouette 的用户，可以采用和原来使用铅笔和剪刀相同的方式进行工作。

第四章

服装纸样设计实例

第一节 ▶ 第三代女装衣身原型结构设计

一、第三代女装衣身原型款式分析

图 4-1 为第三代女装衣身原型，由于女装胸腰差较大，所以女装的款式特点在于立体感比较强，可通过作胸省及肩省达到立体效果。如图 4-2 所示，在制图过程中，要注意两点。

（1）在找到辅助关键点位置的基础上，袖窿弧线应保持圆顺。

（2）前后肩斜线及侧缝线保持相等。

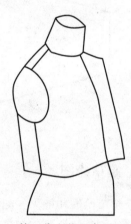

图 4-1 第三代女装衣身原型效果图

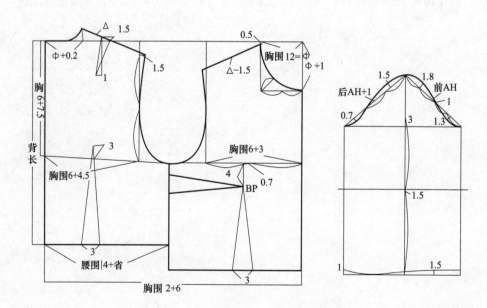

图 4-2 第三代女装衣身原型结构图

二、第三代女装衣身原型结构设计与制图

（一）创建后片基准线

表 4-1 为女装原型规格参数表。使用【创建】-【创建样片】-【长方形】工具，创建宽度 X = 24cm（后片胸围）、长度为 Y = 38cm（后衣片长）的衣片框架。样片名称为"女装原型"。

表 4-1　女装原型规格参数表（单位：cm）

号型 160/84A			
衣长	胸围	背长	袖长
38	96	38	55

（二）绘制胸围线

使用【创建】-【创建线段】-【平行复制】工具，以矩形上水平线为基准，输入 – 21.5cm，袖窿深线绘制完成，即为胸围线所在位置，如图 4-3 所示。

（三）作后开领线和后领口弧线

（1）使用【创建】-【创建线段】-【两点直线】工具，在上水平线上选择线段的第一点，在右侧的显示栏为"数值"状态下输入 7.2cm，按住"shift"键，垂直向上绘制 2.4cm，找到后侧颈点，如图 4-4 所示。

（2）使用【创建】-【创建点】-【多个点】-【线上加点】工具，选择上水平线，将右边的图钉移动到后侧颈点位置，输入数值 2，找到后领口弧线的三等分辅助点。

（3）使用【创建】-【创建线段】-【输入线段】-【两点拉弧】工具，依次连接后领窝弧线辅助点，制作后领口弧线，如图 4-5 所示。

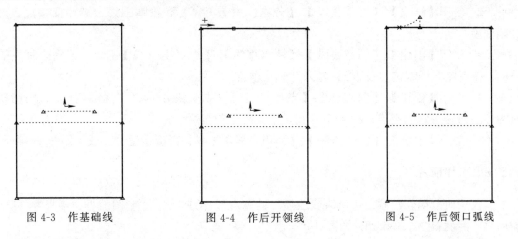

图 4-3　作基础线　　　　　图 4-4　作后开领线　　　　　图 4-5　作后领口弧线

（四）作肩斜线、袖窿弧线

（1）使用【创建】-【创建线段】-【两点直线】工具，选择胸围线，在右侧的显示栏为

"数值"状态下输入 18.5cm，按住"shift"键垂直向上绘制背宽线；选择背宽线，输入 2.4cm，按住"shift"键水平向右，输入 1.5cm，绘制肩端点。

（2）使用【创建】-【创建点】-【点/钻孔点】工具，右击选择"交接点"，先选择 1.5cm 的水平线，再选择背宽线，右击确定，在背宽线上找到交点。

（3）使用【修改】-【修改线段】-【分割线段】工具，沿着背宽线选择交接点，分割线段。

（4）使用【创建】-【创建点】-【多个点】-【线上加点】工具，选择分割后的背宽线段，勾选"接受点的端点"为"没有"，"点的种类"为"记号点"，输入 1，作出两等分点。

（5）使用【创建】-【创建线段】-【输入线段】-【两点拉弧】工具，依次选择袖窿弧线辅助点，顺滑连接弧线，如图 4-6 所示。

（五）作肩省

（1）使用【创建】-【创建点】-【记号点】工具，右击选择【多个点】-【线上定比例】选项，选择肩斜线，勾选"接受点的端点"为"没有"，输入 2，也可作出三等分点。

（2）使用【核对】-【量度】-【线段长度】工具，选择肩斜线，显示线段长度 13.67cm。

（3）使用【创建】-【创建线段】-【两点直线】工具，选择三等分点，按住"shift"键垂直向下，输入 6.8cm（1/2 肩斜线长为 13.67cm），按住"shift"键水平向左，输入 1，确定肩省的省尖点；连接三等分点与省尖点。

（4）使用【创建】-【创建点】-【点/钻孔点】工具，右击选择"画圆定点"，选择三分之一点，输入 1.5cm 为半径，选择圆形与肩线的下方交点，连接肩省线，如图 4-7 所示。

（六）作胸省

（1）使用【创建】-【创建点】-【点/钻孔点】工具，右击选择"交接点"，先选择背宽线，再选择胸围线，右击确定，在胸围线上找到交点。

（2）使用【修改】-【修改线段】-【分割线段】工具，沿着胸围线上选择交接点，进行分割线段。

（3）使用【创建】-【创建线段】-【两点直线】-【垂直平分线】工具，选择分割后的胸围线，在右侧区域勾选"一半"，输入 3cm；垂直向下绘制省道中心线。

（4）使用【创建】-【创建点】-【点/钻孔点】工具，右击选择"画圆定点"，先选择省道中心线与腰围线的交点，输入 1.5cm，依次选择左右两个交点。

（5）使用【创建】-【创建线段】-【两点直线】工具，连接省道分割线，如图 4-8 所示。

（七）作前片

前衣片可以重新绘制，也可以修改后片的基准线生成。前片制图数据：腰围为 24cm，前肩斜＝后肩斜为－1.5cm，如图 4-9 所示。

（八）作袖片

使用【核对】-【量度】-【线段长度】工具，选择衣片袖窿弧线，显示线段长度为

13.67cm，前片袖窿弧线为 21.04cm，后片袖窿弧线为 21.93＋1＝ 22.93cm，袖山高为 AH/3＝ 14.3cm，袖长为 55cm。

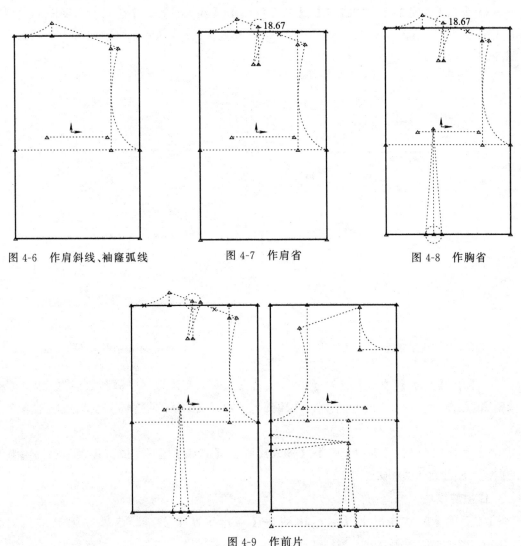

图 4-6　作肩斜线、袖窿弧线　　　　图 4-7　作肩省　　　　图 4-8　作胸省

图 4-9　作前片

1. 作基准线

使用【创建】-【创建线段】-【两点直线】工具，右击鼠标，选择"创建新样片草图"，输入样片名称"袖片原型"；绘制 55cm 的袖长；使用【创建】-【创建段段】-【两点直线】-【线上垂直线】工具，选择袖长线，在右侧区域勾选"一半"，输入－14.3cm；绘制袖肥基准线。

2. 作袖窿弧线

（1）使用【创建】-【创建点】-【点/钻孔点】工具，右击"画圆定点"，选择袖山顶点，第一次输入 21.04cm，第二次输入 22.93cm，分别找出前后片与圆形的交点，绘制袖窿弧线的辅助线。

（2）使用【创建】-【创建点】-【记号点】工具，右击选择【多个点】-【线上定比例】

选项，勾选"接受点的端点""没有"，在前后片的袖窿辅助线上依次输入 3.2cm，分别 4 等分、3 等分，如图 4-10 所示。

（3）使用【创建】-【创建线段】-【两点直线】-【线上垂直线】工具，选择前袖窿辅助线的 1/4、3/4 点，在右侧区域勾选"一半"，输入 1.8cm、1.3cm；绘制袖窿弧凸辅助点，如图 4-11 所示。

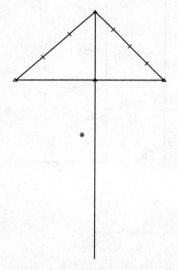 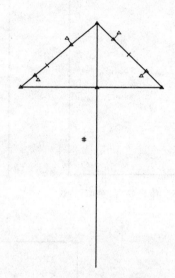

图 4-10　袖窿辅助线上等分点　　　　　　图 4-11　绘制袖窿弧凸辅助点

（4）使用【创建】-【创建点】-【点/钻孔点】工具，右击选择"画圆定点"，选择前袖窿辅助线的 1/2 点，输入 1cm 为半径，选择圆与前袖窿辅助线的下方交点，生成前袖窿弧线中点。

（5）使用【创建】-【创建线段】-【输入线段】-【弧线】工具，依次连接前后袖窿弧线辅助点，生成袖窿弧线，如图 4-12 所示。

3. 作袖肘线

（1）使用【创建线段】-【平行移动】-【平行复制】工具，选择袖肥基准线，输入 - 3cm，向上平移复制 3cm，得到辅助线。

（2）使用【创建】-【创建点】-【点/钻孔点】工具，右击选择"交接点"，先选择辅助线，再选择袖长线，右击确定，在袖长线上找到交接点。

（3）使用【创建】-【创建点】-【记号点】工具，右击选择【多个点】-【线上定比例】选项，选择袖长线，移动上方的图钉至交接点处，输入 1，找出中点。

（4）使用【创建】-【创建点】-【点/钻孔点】工具，右击选择"画圆定点"，选择中点，输入 1.5cm，选择上方的交点为袖肘线的辅助点位置。

（5）使用【创建线段】-【两点直线】-【线上垂直线】工具，选择袖肘线辅助点，绘制袖长线的垂直线，如图 4-13 所示。

4. 作袖片周边线

找到袖口弧线位置辅助点，绘制袖口弧线，连接袖片周边线，如图 4-14 所示。

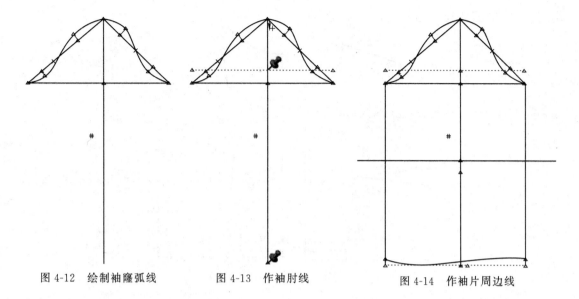

图 4-12　绘制袖窿弧线　　　　图 4-13　作袖肘线　　　　图 4-14　作袖片周边线

（九）套取样片，作腰省

（1）使用【创建】-【创建样片】-【套取样片】工具，按顺时针或者逆时针顺序选择样片的周边线，直至样片周边线封闭；再选择内部线。

（2）使用【修改】-【修改样片】-【旋转样片】-【调对水平】-【调正布纹线】工具，套取样片后旋转全部样片，顺时针旋转 90°，单击布纹线，调整水平，再单击样片，逆时针旋转 90°，如图 4-15 所示。

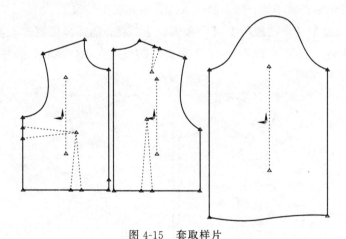

图 4-15　套取样片

（3）使用【点/钻孔点】-【交接点】工具，增加后裤片腰围线和省道辅助线的交接点。

（4）使用【修改】-【修改线段】-【分割线段】工具，以交接点的位置作为分割点。

（5）使用【修改】-【修改线段】-【合并线段】工具，将省道辅助线两边合并。

（6）使用【修改】-【修改线段】-【交换线段】工具，将省道边与周边线上的省道开口线交换。

（7）使用【高级】-【尖褶】-【转换为尖褶】工具，将手动创建的省道转换成系统可识别的省道，如图 4-16 所示。

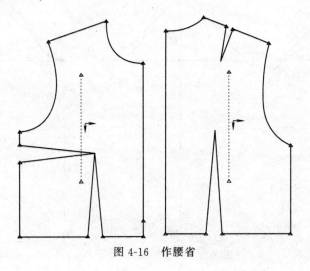

图 4-16　作腰省

（十）调校版型

1. 顺滑曲线

使用【修改】-【修改线段】-【顺滑曲线】工具，分别调整前、后片弧线，直至弧线圆顺。

2. 尺寸校样

（1）使用【核对】-【量度】-【线段长度】工具，量取前、后内缝线长度及肩斜线长度，如接缝的两条线段长度不等，则需修改长度，使其保持一致。

（2）使用【修改】-【修改线段】-【调校弧长】工具，选择需要更改长度的线段。 如测量得知前片侧缝线处总长度为 16.50cm、后侧缝线的长度为 16.50cm、前后肩斜长相等，则不需要调整，如图 4-17 所示。

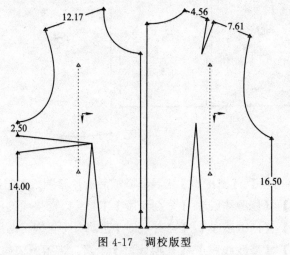

图 4-17　调校版型

3. 样片数校正

衣前片 2 片+ 衣后片 2 片+ 袖片 2 片，如图 4-18 所示。

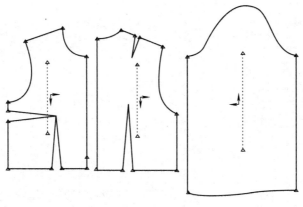

图 4-18　样片数校正

第二节 ▶ 男式衬衫结构设计

一、男式休闲衬衫款式分析

图 4-19 为男式休闲衬衫，它属于四开身结构，圆摆，偏宽松，一片袖，带领座翻领，左胸一个贴袋。 男式衬衫的结构图如图 4-20 所示。 衣片的结构线主要有前侧缝线和后侧缝线、前中线和后中线、前袖窿弧线和后袖窿弧线。 围度结构线主要有前领窝弧线、后领窝弧线、袖肥线和袖口线。 男衬衫结构制图的关键在于，保持前后侧缝线等长、保持衣身袖窿弧线长和袖片的袖窿弧线等长。 这款衬衫下摆要圆顺，比较美观。

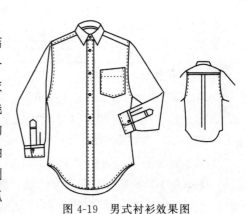

图 4-19　男式衬衫效果图

二、男式衬衫结构设计与制图

（一）男式衬衫结构图

男式衬衫的结构图如图 4-20 所示。

（二）男式休闲衬衫结构制图

1. 作基准线

男衬衫规格参数见表 4-2。前片胸围为 27cm，后片胸围为 27cm，衣长为 75cm。使用【创建】-【创建样片】-【长方形】工具，创建宽度为 54cm、长度为 75cm 的长方形，样片名称为"男衬衫样片"，如图 4-21 所示。

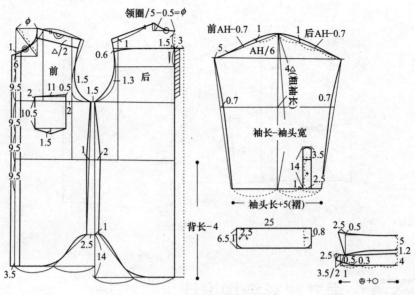

图 4-20 男式衬衫结构图

表 4-2 男衬衫规格参数（单位：cm）

号型 170/88A					
衣长	胸围	肩宽	领围	袖长	袖口围
75	108	47	39	58	26

2. 作后领围线

胸高为 22.5cm，腰围线高为 41cm，肩宽为 23.5cm，后领口横宽为 7.5cm，后领口纵深为 2.5cm。使用【创建】-【创建线段】-【平行移动】-【平行复制】工具，选择水平线，输入 -22.5cm，生成胸围线；选择水平线，输入 -41cm，生成腰围线。

使用【创建】-【创建线段】-【两点直线】-【垂直】工具，选择水平线，输入 27cm，右击选择【垂直】，向下绘制垂直平分线；继续选择水平线 7.5cm，右击选择【垂直】，向上绘制垂直线，输入 2.5cm 为纵领深。使用【两点直线】-【两点拉弧】工具，连接后领弧线的两端点，与水平线相切绘制后领弧线，如图 4-22 所示。

图 4-21 作基准线

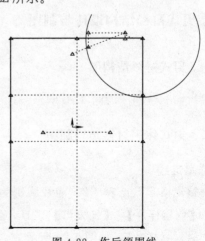

图 4-22 作后领围线

3. 作后片肩斜线

后肩斜角的正切值为 6/15。使用【创建】-【创建线段】-【输入线段】-【水平】-【垂直】工具，选择领窝肩点，按住"shift"键水平向左，输入 15cm，再垂直向下，输入 6cm，确定肩斜角；连接倾斜角的斜边形成肩斜线；使用【修改】-【修改线段】-【修改长度】工具，选择肩斜线和末端点，延长肩斜线。使用【创建】-【创建点】-【点/钻孔点】-【画圆定点】工具，选择领窝弧线起点，输入 23.5cm，圆与肩斜线相交，肩斜线长度确定。

4. 作前片领围线

前领窝横宽为 7.5cm，纵深为 8.5cm，前肩斜角正切值为 5.5/15，与后领窝方法相同，确定肩斜角度。使用【核对】-【量度】-【线段长度】工具，选择后肩斜，显示后肩斜长度为 16.9cm；使用【点/钻孔点】-【由点定距离】工具，沿着前肩斜线选择肩颈点，输入 16.9cm，生成前肩点，如图 4-23 所示。

 小贴士

以定值距离线段上的一点确定另一点，除了使用【点/钻孔点】-【画圆定点】功能，还可以使用【点/钻孔点】-【由点定距离】功能。如在前肩斜线上要确定肩点，在【由点定距离】功能下，可以沿着前肩斜线选择肩颈点，输入数值即可。

5. 绘制后片袖窿弧线、侧缝线

使用【创建】-【创建线段】-【平行移动】-【平行复制】工具，分别选择前中心线、后中心线，输入－20cm、－20cm，生成胸宽线和背宽线；使用【创建】-【创建线段】-【输入线段】-【两点拉弧】工具，依次选择前肩点，右击【交接点】，选择侧缝线与胸围线的交点，放大样板，两点拉弧连接后肩点，绘制袖窿弧线，如图 4-24 所示。

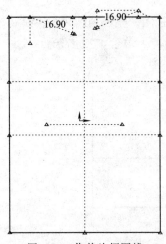

图 4-23　作前片领围线

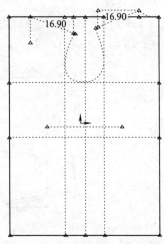

图 4-24　绘制后片袖窿弧线

使用【创建】-【创建线段】-【平行移动】-【平行复制】工具作侧缝线。选择后中心线，输入－3cm，生成 3cm 的后背暗褶。使用【创建】-【创建线段】-【两点直线】-【水平】工具，选择后中心线，输入－7cm，沿着水平方向，绘制后背分割线。使用【平行移动】-【平行复制】工具，将水平分割线向下平移 0.8cm。 使用【两点直线】-【两点拉弧】工具，依次连接分割线的位置点，最后右击鼠标，选择【交接点】工具连接袖窿弧线与平移后的交接点；运用【两点直线】-【交接点】，以及【点/钻孔点】-【画圆定点】工具找出周边线的位置点；最后弧线顺滑连接，如图 4-25 所示。

6. 绘制前片领窝弧线、周边线

使用【创建】-【创建线段】-【平行移动】-【平行复制】工具，选择前中心线，输入－1.5cm，生成门襟。 使用【创建点】-【多个点】-右击【线上定比例】工具，在前领窝处连接对角线，选择对角线，输入 2，将对角线三等分。 使用【创建】-【创建线段】-【两点直线】-【弧线】工具，依次连接肩点、三等分点、颈点，绘制领窝弧线；绘制周边线，完成样片的绘制，如图 4-26 所示。

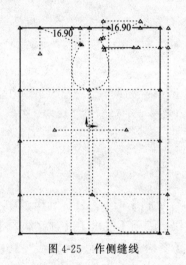

图 4-25　作侧缝线

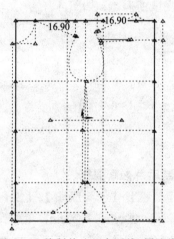

图 4-26　绘制前片领窝弧线、周边线

7. 绘制衣领

使用【核对】-【量度】-【线段长度】工具，选择前后领围，显示领围线长；绘制领围线的基准线；使用【两点直线】、【平行复制】工具，绘制领片，如图 4-27 所示。

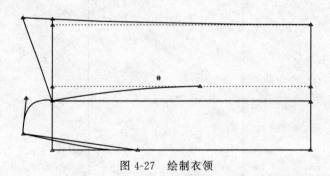

图 4-27　绘制衣领

8. 绘制袖子

使用【核对】-【量度】-【线段长度】工具，选择袖窿弧线，显示长度。 前袖窿弧长为 21.32-0.7= 20.62cm，后袖窿弧长为 23.34-0.7= 22.64cm；袖山高 8cm。 使用【创建】-【创建线段】-【两点直线】工具，绘制水平线，垂直线以 8cm、（58-3）cm 为基准线。 使用【创建】-【创建线段】-【圆形】工具，分别在前后片袖窿上绘制 20.62cm、22.64cm 的圆形，与水平线的交点即为袖肥，如图 4-28、图 4-29 所示。

袖口围为 26cm。 使用【创建】-【创建线段】-【两点直线】工具，选择垂直线下端点，按住"shift"键分别向左、向右绘制水平线 13cm；使用【两点直线】-【两点拉弧】工具，绘制袖窿弧线及其他袖片结构线，如图 4-29 所示。

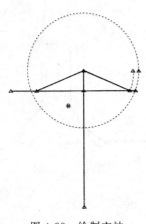

图 4-28　绘制衣袖

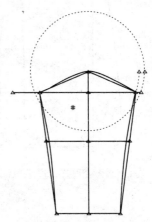

图 4-29　绘制袖肥和袖口

9. 套取样片

使用【创建】-【创建样片】-【套取样片】工具，按顺时针或者逆时针顺序选择样片的周边线，直至样片周边线封闭；再选择分割线等内部线。 使用【套取样片】-【对称片】工具，选择领片的后领座，顺时针依次选择其他周边线，套取对称片。

使用【修改】-【修改样片】-【旋转样片】-【调对水平】-【调正布纹线】工具，套取样片后，让全部样片顺时针旋转 90°，单击布纹线，调至正水平，再单击样片，逆时针旋转 90°，衣领要将轴心点旋转至水平位置。

使用【修改】-【修改样片】-【产生对称片】工具，单击后衣片中心线，以其为对称线，折叠对称片，如图 4-30 所示。

10. 调校版型

（1）顺滑曲线。 使用【修改】-【修改点】-【移动点】、【顺滑沿线移动】工具，分别调整前、后片弧线，直至整条弧线圆顺。

（2）尺寸校样。 使用【核对】-【量度】-【线段长度】工具，量取后领围长和前、后侧缝线的长度。 如两条线段的接缝长度不等，则需要修改，使其长度保持一致。 使用【修改】-【修改线段】-【调校弧长】工具，选择需要更改长度的线段。 通过测量可知后衣片侧缝线 38.76cm，与前片侧缝线 38.65cm 的长度不等（这个差距很微小，在允许误差范围内，可以不做调整，缝制衣片时影响很小），即可通过【调校弧长】功能使两条线段的长度一致，并且顺滑，如图 4-31 所示。

（3）核对检查。 尺寸校样完毕后，要核对检查。 使用【核对】-【检查】-【比并线条】工具，先后选择后片的中心线和前片的中心线。 如果方向不对，右击鼠标选择【改变方向】，解除比并直接右击【取消】，如图 4-32、图 4-33 所示。

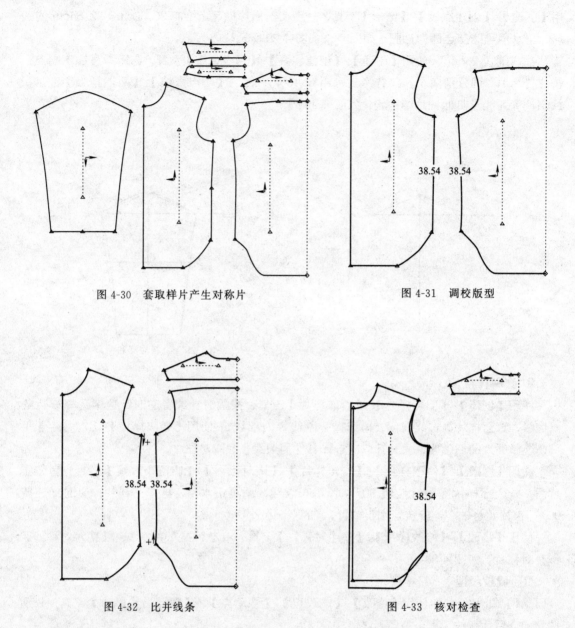

图 4-30　套取样片产生对称片　　　　　　　图 4-31　调校版型

图 4-32　比并线条　　　　　　　　　　　　图 4-33　核对检查

（4）样片数校正。 前片 4 片+ 后片 2 片+ 领 2 片+ 袖子前、后各 1 片+ 口袋布 1 片+ 袖口 2 片+ 袖襻 2 片。

第三节 ▶ 男式西服结构设计

一、男式西服款式分析

图 4-34 是男式西服的三开身合体结构，前中三粒扣、圆摆、平驳领、合体两片袖，左胸

一个手巾袋，下摆两个嵌条挖袋并装有袋盖。 在长度上，衣片的结构线主要有前侧缝线、后侧缝线、前中线、后中线、前袖窿弧线、后袖窿弧线、前腰省道线和后分割线。 围度上的衣片结构线主要有前领窝弧线、后领窝弧线和腰围线。

如图 4-35 所示西服省道主要集中在侧腰线和后片中线上。 由于西服比较合体，省道的尺寸把握和弧线顺滑很关键。 后衣片省道接缝处的两线、袖片与衣片袖窿弧线保持等长，后中线和下摆的曲线要顺滑，最后检查腰围尺寸是不是准确。

图 4-34　男式西服款式效果图

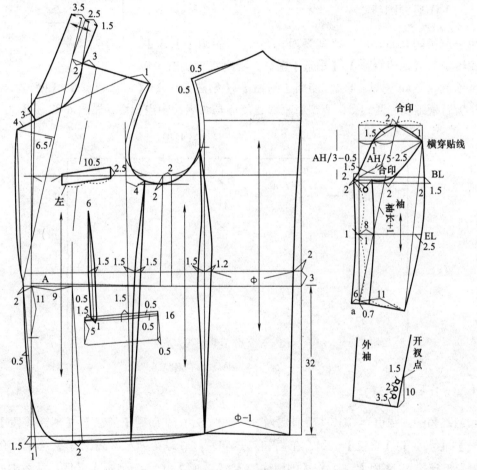

图 4-35　男式西服结构图

二、男式西服结构设计与制图

（一）作基准线

男式西服规格参数见表 4-3，衣长为 75cm，背高线为 43cm，前胸高为 24.5cm。 使用【创建】-【创建样片】-【长方形】工具，创建宽度为 52.5cm（X）、长度为 75cm（Y）的长方形，样片名称为"男西服"。使用【创建】-【创建线段】-【平行移动】-【平行复制】工具，将水平线向下平行复制，输入距离-24.5cm 和-43cm，作出胸高线和腰围线，如图 4-36 所示。

表 4-3　男式西服规格参数（单位：cm）

号型 170/88A				
衣长	胸围	肩宽	袖长	袖口
75	105	47	60	30

图 4-36　作基准线

（二）作后领围线

后领窝长为 8.8cm，后领窝深为 2.5cm。使用【创建】-【创建线段】-【两点直线】-【垂直】工具，距离水平线右端点 8.8cm 绘制 2.5cm 的垂直线。使用【创建】-【创建线段】-【两点直线】-【两点拉弧】工具，连接后领围线的两端点，调整后领弧线使其与水平线中点相切，如图 4-37 所示。

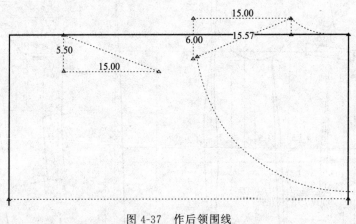

图 4-37　作后领围线

（三）作后肩斜线

后肩斜角的正弦值为 6/15；后肩宽为 $S/2$= 23.5cm。使用【创建】-【创建线段】-【两点直线】-【水平】-【垂直】工具，在后肩斜点向左画 15cm 的水平线，再绘制 6cm 的垂直线，与肩点连接。使用【创建】-【创建线段】-【圆形】-【圆心画圆】工具，以后中心线为圆心、23.5cm 为半径绘制圆，圆与肩斜线相交于一点。使用【修改】-【修改线段】-【修剪线段】工具，保留圆内的肩斜线，修剪超出圆的肩斜线部分。使用【修改】-【删除】-【删除线段】工具，删除不需要的辅助线。

（四）作前肩斜线

前领窝长 8.5cm，前肩斜角的正弦值为 5.5/15，前肩斜长= 后肩斜长。使用【创建】-【创建点】-【点/钻孔点】工具，右击选择【画圆定点】选项，以前中心点为圆心、8.5cm 为半径，确定前领窝宽。 使用【创建】-【创建点】-【点/钻孔点】工具，以前肩颈点为圆心、15cm 为半径画圆，找到距离前肩颈点右侧 15cm 的点。 使用【创建】-【创建线段】-【两点直线】-【水平】-【垂直】工具，以刚绘制的点为起点向下垂直绘制 6cm 的线，最后将线的末端点与前肩颈点连接，作出前肩斜线。

使用【核对】-【线段长度】工具，选择后肩斜线，单击显示线段长度为 15.57cm。 使用【创建】-【创建线段】-【圆形】-【圆心画圆】工具，选择以前肩颈点为圆心、15.57cm 为半径绘制圆，圆与肩斜线相交于一点。 使用【修改】-【修改线段】-【修剪线段】工具，保留圆内的肩斜线，修剪超出圆的肩斜线部分。

从线段的起始点取点，可以直接选择两点直线，输入距离而取点；当不从起点取点时，可以选择【点/钻孔点】【画圆定点】，取点，这种方法更快、更方便，不需要把线段分割再取点了。

（五）作袖窿弧线、后背缝线

前胸宽 19.5cm，后背宽 19.5cm。 使用【创建】-【创建线段】-【平行移动】-【平行复制】工具，将前中心线向右平行复制，输入距离－19.5cm，将后中心线向左平行复制，输入距离－19.5cm，作出胸宽线和肩宽线。

使用【创建】-【创建线段】-【两点直线】-【两点拉弧】工具，连接前肩端点、胸围线、侧缝线和后肩端点，调整弧线与胸宽线和背宽线相切于 1/3 处，如图 4-38 所示。

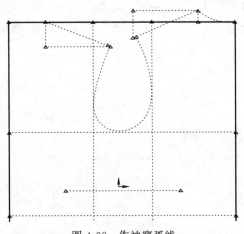

图 4-38 作袖窿弧线

绘制袖窿弧线时，为了避免袖窿弧线超出胸围线，应将图片放大，再绘制；出现错误时，也要放大样板检查修正。

使用【创建】-【创建线段】-【圆形】-【圆心画圆】工具，以后颈点为圆心、13cm 为半径画圆，找出一点。 分别以腰围线和下摆线的右端点为圆心、2cm 和 3cm 为半径画圆。 使用【创建】-【创建线段】-【输入线段】-【弧线】工具，分别连接上一步骤中找出的三个点，作后背缝线，如图 4-39 所示。

（六）作省道分割线

使用【创建】-【创建点】-【点/钻孔点】工具，右击选择【交接点】-【画圆定点】选项，以背宽线为省道分割线的中心线，分别找出前胸宽线和后背宽线与腰围线的交接点；以找出的交接点为圆心，画圆找出省道的位置点。 使用【创建】-【创建线段】-【输入线段】-【弧线】工具，分别连接上一步骤中找出的省道位置点，作出省道分割线，如图 4-40 所示。

（七）作门襟周边线

使用【创建】-【创建点】-【点/钻孔点】-【画圆定点】工具，以前肩点为圆心，输入 7cm。 使用【创建】-【创建线段】-【两点直线】-【水平】-【垂直】工具，在距离前中心线上端点 10cm 处，向左绘制宽为 2.5cm 的门襟，连接两点。 使用【修改】-【修改线段】-【修剪线段】工具，将多余的部分沿门襟剪断。

使用【修改】-【修改线段】-【修改长度】工具，选择前片中心线下端点，输入 1.5cm，向下延长 1.5cm。 使用【创建】-【创建线段】-【两点直线】工具，连接延长后的前中心线端点与后片分割线省道尖点。 使用【创建】-【创建点】-【点/钻孔点】-【画圆定点】工具，选择延长后的前中心线端点为圆心，输入 1cm。 使用【创建】-【创建线段】-【两点直线】-【弧线】工具，连接门襟弧线的倾斜辅助线。 使用【创建】-【创建线段】-【输入线段】-【弧线】工具，连接驳领止口点（距离腰围线以上 10cm 的位置）和下摆，绘制门襟，修正圆顺，如图 4-41 所示。

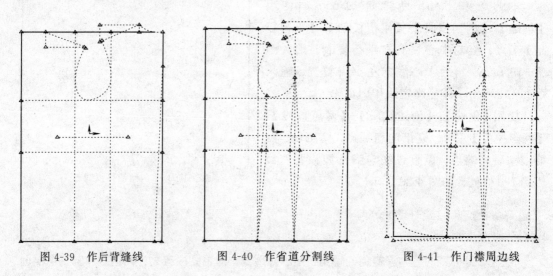

图 4-39　作后背缝线　　　　图 4-40　作省道分割线　　　　图 4-41　作门襟周边线

（八）作衣领

使用【修改】-【修改线段】-【修改长度】工具，选择前肩斜线左端点，向上延长 2cm。使用【创建】-【创建线段】-【两点直线】工具，连接延长后的前肩斜点与驳领止口点，绘制领子的对称辅助线；核对后领窝长度，延长衣领对称辅助线。

使用【创建】-【创建线段】-【两点直线】-【两点拉弧】工具，绘制领底弧线。 使用【创建】-【创建线段】-【圆形】-【圆心画圆】工具，以前颈点为圆心、后领围 9.57cm 为半径画圆，确定后领围线；以 6cm 为半径绘制领宽。 使用【创建】-【创建线段】-【两点直线】-【两点拉弧】工具，连接驳口线和领座，如图 4-42 所示。

（九）作袖子

1. 作基准线

袖长 60cm，衣身袖窿弧长 AH 为 50.23cm，袖山高为 AH/3 − 0.5 = 16.24cm。 使用【创建】-【创建线段】-【两点直线】工具，先右击【创建样片】，输入样片名称"西装袖"。 画一条垂直线，高 16.25cm。 使用【创建】-【创建点】-【多个点】-【线上加点】工具，选择垂直线，输入 2，将线段 3 等分，并在等分点处绘制水平线。 使用【创建】-【创建线段】-【圆形】-【圆心画圆】工具，以第一个等分点为圆心、袖斜线 AH/2 − 2.5cm = 22.62cm 为半径画圆。 使用【修改】-【修改线段】-【修剪线段】工具，选择最下方的水平线，单击圆弧，剪掉多余的水平线。 向上垂直连接三条水平线，将多余的线修剪或删除，如图 4-43 所示。

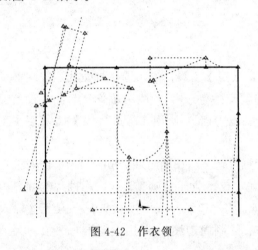

图 4-42　作衣领

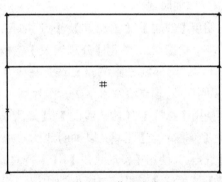

图 4-43　作基准线

2. 作袖窿弧线

（1）作袖山弧顶点。 使用【创建】-【创建点】-【多个点】-【线上加点】工具，选择水平线，输入 1，找出等分点。 使用【创建】-【创建点】-【点/钻孔点】-【画圆定点】工具，以等分点为圆心、2cm 为半径，选择右侧的点确定，找到袖山弧顶点。

（2）作袖长线。 如图 4-44 所示，使用【创建】-【创建线段】-【圆形】-【圆心画圆】工具，以确定的点为圆心、绘制半径为 61cm 的圆弧。 使用【修改】-【修改线段】-【修改长度】工具，延长左端垂直线，找到其与圆弧的交点，并选择【修剪线段】进行修剪。 连接左端垂直线下端点与水平线中点偏右 2cm 的点。 使用【创建】-【创建线段】-【平行移动】-【平行复制】工具，选择最下边水平线，输入− 1.5cm 进行平行复制。

（3）作袖窿弧线。 使用【创建】-【创建点】-【点/钻孔点】-【交接点】工具，先选择斜线，再选择 3 等分水平线，交接点产生。 使用【修改】-【修改线段】-【分割线段】工具，单击水平线上刚产生的交接点，水平线即可沿着交接点分割。 使用【多个点】-【线上加点】工具，选择刚分割的水平线，输入 1，找到中点。 使用【点/钻孔点】-【画圆定点】工具，以中点为圆心、1cm 为半径绘制圆，找到中点偏左 1cm 的点为袖窿弧线参考点。 使用【两点直线】工具，连接袖山顶点与左右两边的袖窿弧线参考点。

使用【两点直线】-【线上垂直线】工具，绘制袖窿弧凸度，分别为 1.3cm、1cm。 使用【修改】-【修改线段】-【修改长度】工具，选择袖宽线，点击左端点，输入 2cm，将袖宽线向左延长 2cm。 使用【平行移动】-【平行复制】工具，将袖宽线向上平移 0.5cm 作为袖弧起翘量。 使用【创建】-【创建线段】-【输入线段】-【两点拉弧】工具，在距离袖宽线左端点 6cm 的地方取点与右侧的袖山弧线顺滑连接。 依次选择袖山弧线的位置基准点，顺滑连接弧线，如图 4-45 所示。

小贴士

选择两线的交点时，交点会在最后选择的那条线上生成，因此在水平线段与垂直线段之间找交接点时，先选垂直线，再选水平线，这样交点就出现在水平线上，再分割水平线就比较方便，直接在水平线上选交点即可。

3. 作袖肘线

使用【创建】-【创建点】-【点/钻孔点】-【交接点】工具，依次选择袖宽线、左端垂直线，产生交接点。 使用【分割线段】将垂直线沿着交接点分割。 使用【多个点】-【线上加点】工具，选择刚分割的垂直线，输入 1，找到线段中点。 使用【两点直线】-【水平】工具，以中点为起点绘制水平线，作为袖肘线。

使用【修改】-【修改线段】-【修改长度】工具，向左延长袖肘线 2cm。 使用【点/钻孔点】-【画圆定点】工具，以袖肘线的左端点为圆心、6cm 为半径画圆，找出小袖片的袖周边线基准点。 使用【移动线段】-【平行复制】工具，将袖口线向下平移 0.7cm。 使用【输入线段】-【弧线】工具，连接小袖片周边线基准点，绘制周边线。 运用类似的方法绘制大袖片周边线和袖口线，如图 4-46 所示。

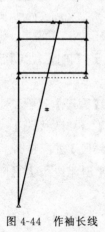
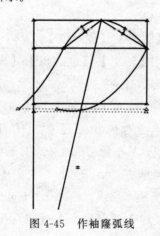
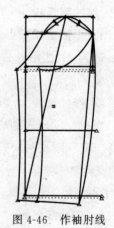

图 4-44　作袖长线　　　　图 4-45　作袖窿弧线　　　　图 4-46　作袖肘线

（十）套取样片

使用【创建】-【创建样片】-【套取样片】工具，按顺时针或逆时针顺序选择样片的周边线，直至样片周边线封闭，再选择内部线。 使用【修改】-【修改样片】-【旋转样片】-【调对水平】-【调正布纹线】工具，将套取后的样片，顺时针旋转 90°。 单击布纹线，调正水平，再单击样片，逆时针旋转 90°，选择轴心点，将衣领旋转至水平位置。 使用【修改】-【修改样片】-【产生对称片】工具，以衣领后领座宽为对称线，勾选【折叠对称片】，如图 4-47 所示。

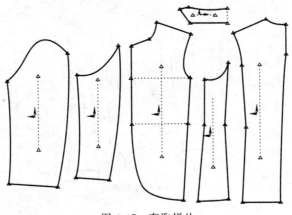

图 4-47　套取样片

　　用 AccuMark PDS 创建样片或套取样片时，系统默认水平线为布纹线。若竖向作结构设计时，会出现布纹线方向与实际样片方向不一致，需要调整布纹线的方向。

（十一）作腰省

　　使用【高级】-【尖褶】-【增加尖褶】-【菱形尖褶】工具，选择前片样片的内部垂直线与腰围线的交点为尖褶中心点，依次输入尖褶的高度以及宽度，如图 4-48 所示。

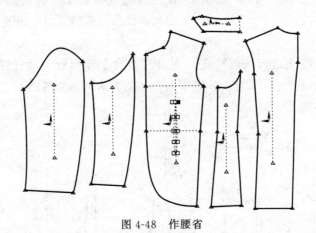

图 4-48　作腰省

（十二）调校版型

1. 顺滑曲线

　　使用【合并线段】工具，依次将前领窝弧线、后中心线上各条线段合并。 使用【修改】-【修改点】-【移动点】、【顺滑沿线移动】工具，分别调整前、后片袖窿弧线、前片门襟弧线，使整条弧线圆顺，完成弧线调整，如图 4-49 所示。

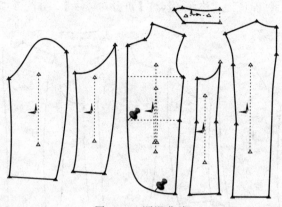

图 4-49　顺滑曲线

　　省道和大袖窿处的弧线是不能直接调整的，省道和大袖窿的弧凸都有具体尺寸，移动图钉至需要调整的位置才能调整，避免影响样板尺寸大小。

2. 尺寸校样

　　使用【核对】-【量度】-【线段长度】工具，量取前、后袖窿弧线和前、后侧缝的长度。如接缝的两条线段长度不等，则需通过修改使其长度保持一致。使用【修改】-【修改线段】-【调校弧长】工具，选择需要更改长度的线段。通过测量可知前侧缝线的长度为51.99cm、后侧缝线的长度为 52.06cm。使用【调校弧长】功能使两条线段的长度均为51.99cm，在保证线段长度一致的条件下，使两条线段仍保持顺滑，如图 4-50 所示。

3. 核对检查

　　尺寸校样完毕后，要进行核对检查。使用【核对】-【检查】-【比并线条】工具，先后选择后片的中心线和前片的中心线。如果方向不对，右击选择【改变方向】；解除比并直接右击【取消】，如图 4-51 所示。

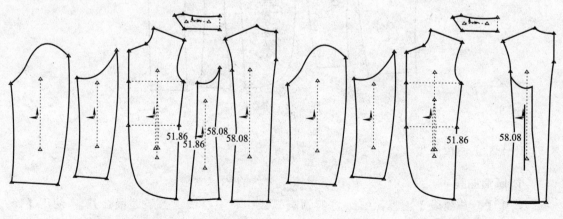

图 4-50　尺寸校样　　　　　　　　　　　图 4-51　核对检查

比并样片时，可以移动鼠标改变比并位置；也可以右击选择【两者加记号】，在右侧勾选【增加剪口】，找到样片对位点。

4. 样片数校正

使用【创建】-【创建样片】-【套取样片】工具，套取前片门襟、口袋、内挖袋的袋布。 使用【创建】-【创建线段】-【两点直线】-【弧线】工具，选择前肩斜线，在距左端点 3cm 的位置向下绘制门襟周边线，在腰围线向右 9cm 处确定门襟线的另一点，绘制弧线。 使用【创建】-【创建样片】-【套取样片】工具，套取门襟样片。

图 4-52　样片数校正

门襟 2 片+ 前片 2 片+ 前片分割片 2 片+ 后片 2 片+ 领片 1 片+ 袖片 4 片，如图 4-52 所示。

第四节 ▶ 男式马甲结构设计

一、男士马甲款式分析

图 4-53　男式马甲款式效果图

如图 4-53 所示，该款男式马甲衣片在长度上的结构线主要有前侧缝线、后侧缝线、前中线、后中线、前袖窿弧线、后袖窿弧线和前后侧缝线。 围度上的衣片结构线主要有前领窝弧线、后领窝弧线和腰围线。 图 4-54 所示为男式马甲的结构图，曲线顺滑及接缝的两线保持等长是制图的关键。 马甲省道主要集中在前后腰，省道尺寸的把握和弧线顺滑很关键，包括后衣片省道接缝处的两线保持等长，后中线以及下摆的曲线平滑等。

二、男式马甲结构设计与制图

（一）基准版

男式马甲规格参数见表 4-4。 使用【修改】-【删除】-【删除线段】工具，打开"男西装"样

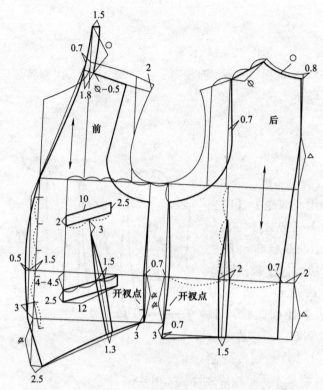

图 4-54　男式马甲结构图

版，删除省道分割线、领围线，以删除后的样片为基准版进行绘制修改，如图 4-55 所示。

表 4-4　男式马甲规格参数（单位：cm）

号型 170/88A		
衣长	胸围	肩宽
60	105	34

（二）作马甲样板胸围线、衣长下摆线

使用【创建】-【创建线段】-【平行移动】-【平行复制】工具，西装样板已经在原形的基础上胸围线下落了 1.5cm，因此在西装样板上绘马甲样板时，在此基础上下落 2cm 即可。选择胸围线，输入 -2cm，向下平移 2cm，形成马甲的胸围线。选择领围处的水平线，输入 -60cm，向下平移 60cm，为马甲的下摆水平线。使用【创建】-【创建点】-【多个点】-【线上加点】工具，选择马甲的下摆水平线，输入 1，生成中点。使用【两点直线】-【垂直线】工具，沿中点向上绘制垂线，作为马甲的侧缝线，如图 4-56 所示。

（三）作袖窿弧线

使用【创建】-【创建点】-【点/钻孔点】-【画圆定点】工具，以后颈点为圆心、半径17cm 画圆，找到圆与后肩斜线的交点。使用【修改】-【修改线段】-【分割线段】工具，选择交点，将后肩线沿着交点分割。使用【核对】-【线段长度】工具，显示新的后肩长度。使

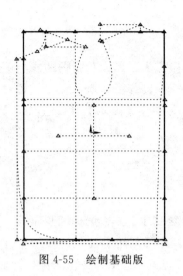

图 4-55　绘制基础版

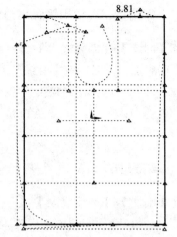

图 4-56　作马甲样板胸围线、衣长下摆线

用【点/钻孔点】-【画圆定点】工具，输入半径 8.81cm，绘制前肩长。 使用【创建】-【创建线段】-【输入线段】-【两点拉弧】工具，连接前肩斜点、侧缝点、后肩斜点，绘制袖窿弧线，如图 4-57 所示。

（四）作侧缝线

使用【创建】-【创建点】-【交接点】工具，依次选择腰围线与侧缝线，找出交点。 使用【创建线段】-【圆形】-【圆心画圆】工具，以交接点为圆心、半径 0.7cm 画圆。 使用【创建】-【创建线段】-【两点直线】-【交接点】工具，选择袖窿弧与胸围线的交点，右击选择【交接点】，依次选择左半边圆形和腰围线，与交接点连接，再与下摆点连接。 使用【修改】-【修改线段】-【修改长度】工具，绘制后侧缝线。 由于马甲的款式后片比前片长 3cm，因此，绘制后片侧缝线时，先将侧缝线向下延长 3cm，再连接。 选择侧缝垂直线，输入－3cm，如图 4-58 所示。

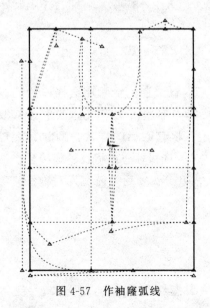

图 4-57　作袖窿弧线

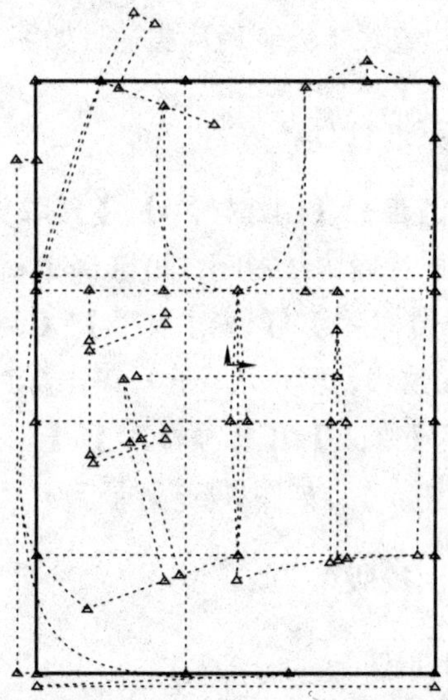

图 4-58　作侧缝、门襟、衣领、轮廓线、袋位及省道等

（五）作门襟、衣领和轮廓周边线

使用【创建】-【创建线段】-【两点直线】-【两点拉弧】工具，连接胸围线与前中心线的交点、前肩点，再选择前中心线与下摆线交点下落 10cm、右移 2.5cm 的点，最后选择侧缝线的点。 连接完成前门襟线、下摆线和后片下摆线。 使用【核对】-【线段长度】工具，选择后领弧线显示长度，领宽 1.5cm。 使用【两点直线】-【两点拉弧】工具，绘制后领，如图 4-58 所示。

（六）绘制前片袋位

使用【创建】-【创建线段】-【平行移动】-【平行复制】工具，选择前片下摆，向上进行平行复制，移动到附近为绘制口袋倾斜度做参考。 使用【创建】-【创建线段】-【两点直线】工具，在距离前中心线往右 7cm 的地方确定上口袋位置，选择胸围线，输入 7cm，右击垂直线，与腰围线相交。 再将垂直线向下延长 4.5cm，确定下口袋的位置，如图 4-58 所示。

（七）作前后片省道

1. 作前片省道

使用【创建】-【创建点】-【点/钻孔点】-【画圆定点】工具，在上口袋的重点位置向下绘制省道中心线。 以省道中心线与下口袋的交点为圆心、0.75cm 为半径画圆，找出省道线位置，省道底宽为 1.3cm，运用同样的方法定出省道的位置。

2. 作后片省道

使用【创建】-【创建点】-【多个点】-【线上加点】工具，选择后片下摆线，输入 1，找出中点。 使用【两点直线】-【垂直】工具，选择中点，垂直向上，画出省道中心线。 使用【点/钻孔点】-【交接点】、【修改线段】-【分割线段】工具，选择交点，将线段分割。 使用【多个点】-【线上加点】工具，选择分割后的垂直线，输入 2，3 等分。 结合【画圆定点】与【两点直线】绘制后片省道，如图 4-58 所示。

（八）套取样片

使用【创建】-【创建样片】-【套取样片】工具，按顺时针或逆时针顺序选择样片的周边线，直至样片周边线封闭，再选择褶裥、省道和袋口线等内部线。 使用【修改】-【修改样片】-【旋转样片】-【调对水平】-【调正布纹线】工具，将套取后的样片，顺时针旋转90°，单击布纹线，调正水平，再单击样片，逆时针旋转 90°，选择轴心点将衣领旋转至水平位置。 使用【修改】-【修改样片】-【产生对称片】工具，单击衣领后领座宽为对称线，勾选【折叠对称片】，如图 4-59 所示。

（九）调校版型

1. 顺滑曲线

使用【点/钻孔点】-【交接点】工具，增加前后片下摆线和省道的交接点。 使用

【修改】-【修改线段】-【分割线段】工具，选择交接点的位置作为分割点。 使用【修改】-【修改线段】-【合并线段】工具，将省道辅助线的两边合并。 使用【修改】-【修改线段】-【交换线段】工具，将省道边与周边线上的省道开口线进行交换。 使用【高级】-【尖褶】-【转换为尖褶】工具，将手动创建的省道转换成系统可识别的省道。 使用【修改】-【修改点】-【移动点】、【顺滑沿线移动】工具，分别调整前、后片弧线，直至整条弧线圆顺。

2. 尺寸校样

使用【核对】-【量度】-【线段长度】工具，量取后领围和前、后侧缝线的长度，如接缝的两条线段长度不等，则需通过修改使其长度一致。 使用【修改】-【修改线段】-【调校弧长】工具，选择需要更改长度的线段。 通过测量可知后衣片领弧线的长度为 9.59cm，后领片弧线的长度为 9.61cm，通过【调校弧长】功能使两条线段的长度均为 9.61cm，在保证线段长度一致的条件下，使两条线段保持顺滑，如图 4-60 所示。

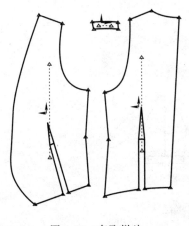

图 4-59　套取样片

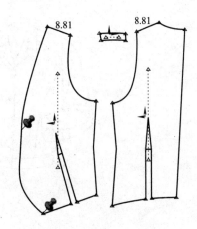

图 4-60　领片尺寸校样

3. 样片数校正

前片 2 片 + 后片 2 片 + 领片 1 片，如图 4-61 所示。

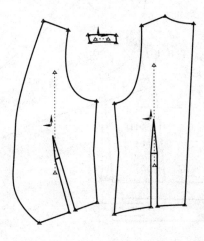

图 4-61　样片数校正

第五节 ▶ 男式夹克结构设计

一、男式夹克款式分析

如图 4-62 所示，这款男式夹克是平驳领、插肩袖结构，后中心线处设计了暗褶以增加活动的宽松度，下摆微收。 在长度上，衣片的结构线主要有前侧缝线、后侧缝线、前中线、后中线、前袖窿弧线和后袖窿弧线。 在围度上，衣片结构线主要有前领窝弧线、后领窝弧线和袖肥线。 曲线顺滑以及接缝的两线保持等长是制图的关键。 插肩袖夹克制图的要点是袖子与衣片袖窿的接缝线等长且顺滑、前后袖片接缝线保持等长。 图 4-63 和图 4-64 所示为该款男式夹克结构图的前片和后片。

图 4-62　男式夹克款式效果图

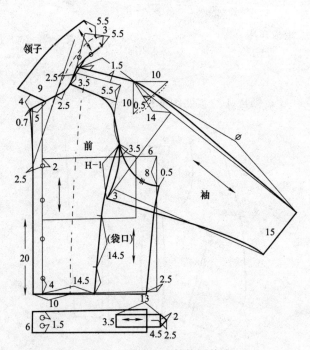

图 4-63　男式夹克结构图前片

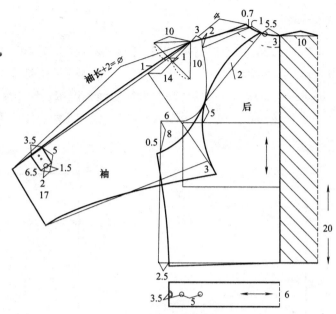

图 4-64　男式夹克结构图后片

二、男式夹克结构设计与制图

（一）作后片基准线

男装规格参数见表 4-5，其中衣片长为 60cm，后胸围为 28cm，胸围线高为 22.5cm。使用【创建】-【创建样片】-【两点直线】工具，创建宽度为 28cm、长度为 60cm 的长方形。 样片名称为"男士夹克后片"。

表 4-5　男装规格参数（单位：cm）

号型 170/88A				
衣长	胸围	肩宽	袖长	袖口
60	112	48	60	30

（二）作后片领口弧线、肩斜线

1. 作后片领口弧线

后片横领窝宽 9.5cm、纵领宽 2.5cm，后肩斜角正切值为 5/15，后片肩宽 24cm。 使用【创建】-【创建样片】-【两点直线】工具，选择后片领围水平线，输入 9.5cm，垂直向下，输入 2.5cm。 使用【两点拉弧】工具，连接后领弧线。

2. 作肩斜线

使用【创建】-【创建样片】-【两点直线】工具，选择肩点，按住"shift"，水平向左输入 15cm，再垂直向下，输入 5，绘制肩斜角。 使用【创建】-【创建点】-【点/钻孔点】-【画圆定点】工具，以后片中心线为圆心、24cm 为半径，找出肩点，连接肩斜线，如图 4-65 所示。

（三）作衣身袖窿弧线

使用【创建】-【创建线段】-【平行移动】-【平行复制】工具，选择腰围线，输入 – 8cm，向下平移 8cm，作为绘制袖窿的水平辅助线。使用【两点直线】工具，靠近后中心线选择后领弧线，输入 – 5.5cm，与衣身袖窿水平辅助线相连接，作为绘制袖窿弧线的辅助斜线；再将腰围线向上平移 5cm，与斜线相交于一点。使用【两点拉弧】工具，连接衣身袖窿弧线，如图 4-66 所示。

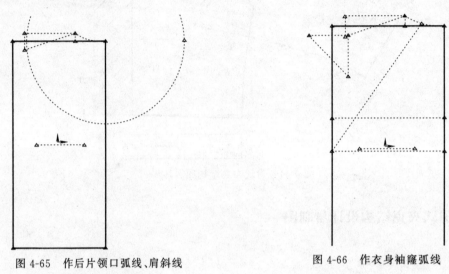

图 4-65　作后片领口弧线、肩斜线　　　　　图 4-66　作衣身袖窿弧线

（四）作袖片袖窿弧线

使用【两点直线】工具，在后肩点处绘制边长为 10cm 的等腰三角形。使用【多个点】-【线上加点】工具，选择斜边，输入 1，找出中点。使用【点/钻孔点】-【画圆定点】工具，绘制以中点为圆心、1cm 为半径的圆。选择斜上方的点为绘制袖子的辅助点，使用【两点直线】工具，连接肩点与辅助点作为袖长的辅助线。

使用【修改线段】-【修改长度】工具，选择袖长的辅助线延长。使用【两点直线】工具，选择延长后的袖长，输入 62cm，垂直于袖长画袖口围 17cm，再与袖窿弧线端点相连。使用【两点直线】-【两点拉弧】工具，依次选择袖窿弧线周边线上的点，顺滑连接袖窿弧线，如图 4-67 所示。

（五）绘制周边线

使用【修改线段】-【修改长度】工具，选择衣片袖窿弧线，点击端点，输入 0.5cm，向外延长 0.5cm 作为周边线辅助点；靠近左端选择下摆线，输入 2.5cm，向下 0.7cm 绘制垂直线，确定一点作为周边线辅助点。使用【两点直线】-【两点拉弧】工具，依次连接周边线辅助点。使用【修改线段】-【修改长度】工具，分别延长领口水平线及下摆水平线，输入 10cm，作为暗褶的一半宽度。使用【两点直线】工具，连接后背中心线，如图 4-68 所示。

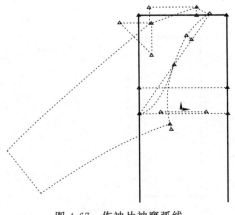

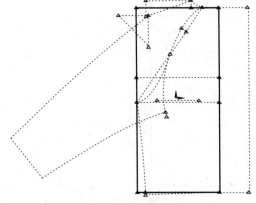

图 4-67 作袖片袖窿弧线   图 4-68 绘制周边线

（六）作前衣片

前片可以在后片的基础上进行修改。首先将后片另存，使用【修改】-【删除】-【删除线段】工具，将多余的线段删除，得到前片的基准样板。

前片横领窝宽 8.8cm、纵领宽 10cm，前肩斜角正切值为 5.5/15，前肩长= 后肩长。使用【核对】-【线段长度】工具，显示后肩斜长 15.87cm，以 15.87cm 为半径、前肩颈点为圆心画圆，找出前片的肩点。

1. 作前片领窝弧线

使用【两点直线】-【沿垂直线】工具，选择前肩颈点，沿着肩线的垂直线绘制领围线，输入 5cm。使用【两点直线】-【两点拉弧】工具，继续绘制前领围线；使用【修改线段】-【修改长度】工具，向左延长前领窝弧线 0.7cm。

2. 作衣片袖窿弧线

使用【两点直线】-【垂直】工具，选择向上平移 3.5cm 后的胸围线，输入 20.8cm 作为胸宽线，向上绘制垂直线为衣片袖窿弧线的辅助线。使用【两点直线】-【两点拉弧】工具，顺次连接衣片袖窿弧线辅助点。

3. 作周边线

使用【修改线段】-【修改长度】工具，向外延长袖窿弧线 0.5cm 的点为周边线辅助点；用绘制前片相同的方法找到后片周边线辅助点，绘制周边线；同时按照绘制前衣片的方法绘制袖片袖窿弧线的辅助线，如图 4-69 所示。

（七）作领子

使用【修改线段】-【修改长度】工具，选择肩线，输入 2.5cm，找到领片对称线辅助点。使用【两点直线】-【两点拉弧】工具，连接辅助点与门襟起点，绘制领片的对称线，完成领片的绘制，如图 4-70 所示。

（八）套取样片

使用【创建】-【创建样片】-【套取样片】工具，按顺时针或逆时针顺序选择样片的周边

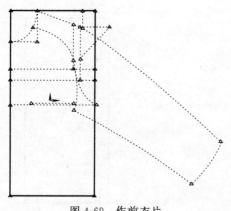

图 4-69 作前衣片

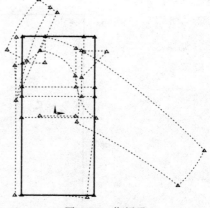

图 4-70 作领子

线，直至样片周边线封闭，再选择分割线等内部线。 使用【修改】-【修改样片】-【旋转样片】-【调对水平】-【调正布纹线】工具，将套取后的样片顺时针旋转 90°，单击布纹线，调正水平，再单击样片，逆时针旋转 90°，选择轴心点将衣领旋转至水平位置。 使用【修改】-【修改样片】-【产生对称片】工具，以衣领后领座宽为对称线，勾选【折叠对称片】，如图4-71 所示。

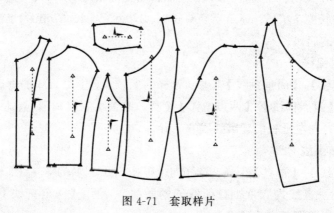

图 4-71 套取样片

 小贴士

使用【修改】-【修改样片】-【产生对称片】工具，要先检查对称的线段是否在同一直线上。

（九）调校版型

1. 顺滑曲线

使用【修改】-【修改点】-【移动点】、【顺滑沿线移动】工具，分别调整前、后片弧线，直至整条弧线圆顺。

2. 尺寸校样

使用【核对】-【量度】-【线段长度】工具，量取后领围和前、后侧缝线的长度，如接缝的两条线段长度不等，则要通过修改使其长度一致。 使用【修改】-【修改线段】-【调校弧长】工具，选择需要更改长度的线段。 若后衣片侧缝线与前片侧缝线的弧长相等，则不需要调整。 使用【调校弧长】工具使两条线段的长度一致并且保持顺滑，如图 4-72 所示。

3. 样片数校正

门襟挂面 2 片＋前片 4 片＋后片 1 片＋衣领 1 片＋袖子前、后各 2 片，如图 4-72 所示。

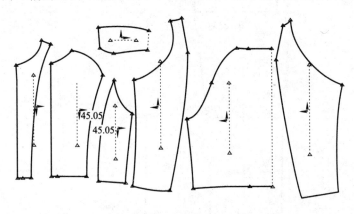

图 4-72　尺寸校样、样片数校正

第六节 ▶ 男西裤结构设计

一、男西裤款式分析

裤子的基本结构主要由一个长度（裤长）和三个围度（腰围、臀围、裤口围）构成，如图 4-73 所示。 在长度上，裤片的结构线主要有前侧缝线、后侧缝线、前中线、后中线、前裆弯线、后裆弯线、前内缝线、后内缝线、前挺缝线和后挺缝线。 在围度上，裤片的结构线主要有前腰线和后腰线、臀围线、中裆线、前脚口线和后脚口线。

如图 4-74 所示，曲线顺滑以及接缝的两线保持等长是裤片制图的关键。 由于裤子裆弯的牵制，后腰线在后中部位有一定的起翘量，使后腰线呈弧线。 曲线顺滑还包括前后侧缝线和前后内侧缝线的顺滑，以及前后中线与前后裆弯线连接线的顺滑。 前后内缝线和前后侧缝线接缝形成裤腿，虽然曲

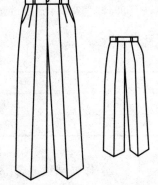

图 4-73　男西裤款式效果图

线的曲度不同，但长度必须保持一致。 另外，中裆线以膝关节的位置确定，前后中裆线的变化应是同步的，前后中裆线的两个端点也是前后内缝线和侧缝线的对位点。

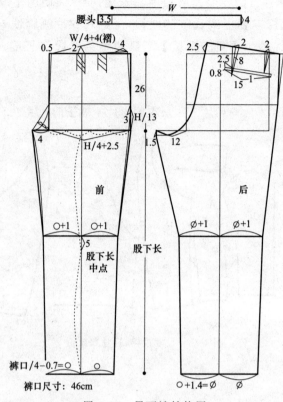

图 4-74 男西裤结构图

二、男西裤结构设计与制图

（一）作基准线

男西裤规格参数见表 4-6。 前裤片长＝裤长（104cm）－腰带宽（4cm）＝ 100cm，前裤片臀围为臀围/4－1cm＝ 4cm。 使用【创建】-【创建样片】-【长方形】工具，创建宽度为24cm（X）、长度为 100cm（Y）的长方形。 样片名称为"前裤片"，如图 4-75 所示。

表 4-6 **男西裤规格参数**（单位：cm）

号型 170/74A				
裤长	腰围	臀围	直裆	裤口
104	76	100	30	22

（二）作横裆线、臀围线

1. 作上裆线

上裆长为直裆（30cm）－腰带宽（4cm）＝26cm。 使用【创建】-【创建线段】-【平行移动】-【平行复制】工具，将水平腰线向下平行复制，输入距离－26cm，作出上裆线，如图 4-76 所示。

2. 作前片臀围线

使用【创建】-【创建点】-【记号点】工具，右键选择【多个】-【空间定比例】选项，选择水平腰线和上裆线的右端点，选择接受点的端点为【没有】，输入起始点和终点间点的数量为 2，将线段三等分。 使用【创建】-【创建线段】-【两点直线】-【两点直线】工具，选择接近横裆线的 1/3 点，右键选择【水平】，作出前片臀中的围线。

3. 确定小裆弯量

小裆弯量为 $4\% \times$ 臀围 = 4cm 或者臀围 $/20 - 1$cm = 4cm。 使用【修改】-【修改线段】-【修改线段长度】工具，将横裆线向左延长 4cm，作为小裆宽线，如图 4-77 所示。

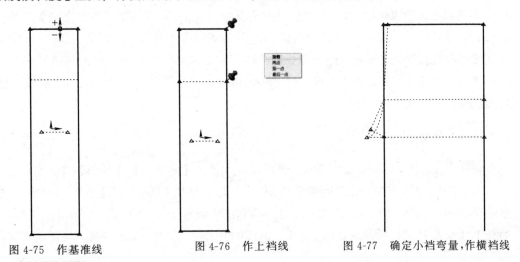

图 4-75　作基准线　　　　图 4-76　作上裆线　　　　图 4-77　确定小裆弯量，作横裆线

4. 作出横裆线

使用【两点直线】工具，将小裆弯线的左端点与臀围线的左端点相连，形成辅助线。使用【创建】-【创建点】-【点/钻孔点】工具，右击选择【交接点】，增加小裆弯线右端点与臀围线的交接点。 使用【创建】-【创建线段】-【两点直线】-【线外垂直线】工具，作交接点与辅助线垂直的直角线。 使用【记号点】-【多个】-【空间定比例】工具，将该直角线 3 等分。 使用【点/钻孔点】工具，在水平腰线上增加一点，距左端点 1cm（前裆内撇量）。使用【创建】-【创建线段】-【输入线段】工具，直线连接前中心内撇点和臀围线左端点，再以弧线连接至直角线上 1/3 点和小裆宽线左端点，如图 4-77 所示。

（三）作前裤中线

使用【点/钻孔点】工具，在横裆线上增加横裆点，距右端点 0.7cm。 使用【记号点】-【多个】-【空间定比例】工具，取小裆宽点至横裆点的中点。 使用【两点直线】-【垂直】工具，作前裤中线，如图 4-78 所示。

（四）作中裆线，确定脚口宽

使用【记号点】-【多个】-【空间定比例】工具，取臀围线右端点与裤脚口线右端点之间的两等分点。 使用【两点直线】-【水平】工具，作出中裆线。 使用【点/钻孔点】-【交接点】工具，增加裤中线与中裆线的交接点。

前裤片中档长=（臀围/4－1cm）－2cm= 22cm。 使用【创建】-【创建线段】-【圆形】-【圆心画圆】工具，以裤中线与中档线的交接点为圆心，输入半径 11cm，定出以 1/2 中档长为半径的圆。

前裤片脚口宽为 22cm－2cm= 20cm。 使用【圆心画圆】工具，以裤脚口上裤中线的端点为圆心，输入半径 10cm，定出 1/2 裤脚口宽为半径的圆，如图 4-79 所示。

（五）作内外侧缝线、前裤片腰线

前裤片腰围为腰围/4－1cm + 4cm（褶量）=22cm。 使用【圆心画圆】工具，以前中心内撇点为圆心，输入半径 22cm，定出以腰围宽为半径的圆。 使用【两点直线】工具，依次连接腰围宽点、臀围线右端点、横档点、右膝围宽点和右脚口宽点，绘出前裤外侧缝线。使用【修改线段长度】工具，分别延长中档线和裤脚口线的左端点，定出与辅助圆的交点。使用【两点直线】工具，依次连接小档宽线左端点、中档线与辅助圆的交点、裤脚口线与辅助圆的交点，如图 4-79 所示。

（六）作腰褶

前裤片设计 2 个腰褶，褶量 2cm，褶长 6cm。 使用【记号点】-【多个】-【空间定比例】工具，取裤中线与腰围线的交点至腰围线右端点的中点。 使用【圆心画圆】工具，以裤中线与腰围线的交点为圆心、半径为 2cm 画圆。 以上述取得的中点为圆心、半径为 1cm 画圆。 使用【两点直线】-【垂直】工具，输入－6cm（褶长 6cm），作出腰褶的边线，如图 4-80 所示。

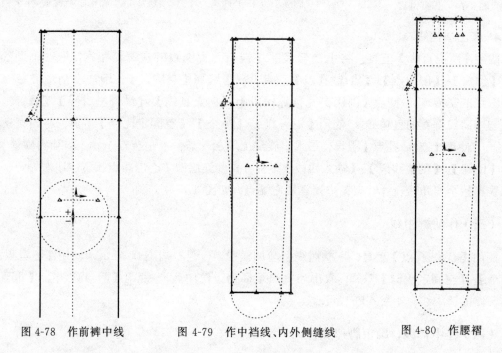

图 4-78　作前裤中线　　　　图 4-79　作中档线、内外侧缝线　　　　图 4-80　作腰褶

（七）作后裤片

后裤片可重新绘制，也可以修改前裤片的基准线而生成。

以下是后裤片的制图数据。 后裤片臀围尺寸为臀围/4 + 1cm=26cm，大裆弯量=（10% ~ 12%）×臀围=12cm，后裤片脚口宽为 22cm + 2cm=24cm，后裤片腰围＝腰围/4 + 1cm + 4cm（褶量)=24cm。

值得注意的是，后裤片在后中缝处起翘 1.5cm ~ 2.5cm，本实例中，起翘值取 2.5cm。后裤片设计 2 个省道，省道宽 2cm，省道长 8cm。

使用【记号点】-【多个】-【空间定比例】工具，将后裤片腰围线 3 等分。 使用【创建】-【创建线段】-【两点直线】-【线上垂直线】工具，以 3 等分点作腰围线的垂直线，垂直线长度8cm（省道长）。 使用【平行复制】工具，将垂直线向两侧平行复制，输入距离 1cm 或者 – 1cm。 使用【两点直线】工具，分别连接省道宽度点和省道尖点，再连接两个省道尖点，确定袋口线。 使用【修改线段长度】工具，向两侧延长袋口线，输入2cm（省尖点距袋口2cm），如图 4-81所示。

图 4-81 后裤片的制作

（八）套取样片，作腰省

使用【创建】-【创建样片】-【套取样片】工具，按顺时针或逆时针顺序选择样片的周边线，直至样片周边线封闭，再选择褶裥、省道和袋口线等内部线，如图 4-82 所示。

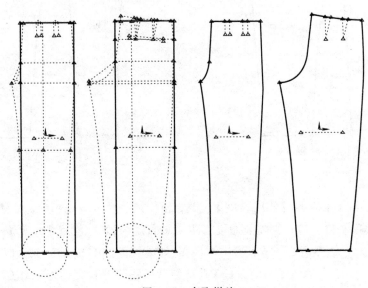

图 4-82 套取样片

使用【点/钻孔点】-【交接点】工具，增加后裤片腰围线和省道辅助线的交接点。 使用【修改】-【修改线段】-【分割线段】工具，以交接点的位置作为分割点。 使用【修改】-【修改线段】-【合并线段】工具，将省道辅助线两边合并。 使用【修改】-【修改线段】-【交换线段】工具，将省道边与周边线上的省道开口线交换。 使用【修改】-【删除】-【删除线段】工具，删除省道辅助线。 使用【高级】-【尖褶】-【转换为尖褶】工具，将手动创建的省道转换成系统可识别的省道，如图 4-83 所示。

（九）调校版型

1. 顺滑曲线

使用【线上垂直线】工具，右键选择【中间点】，单击前片内裆辅助线，输入 - 0.5cm（后片输入 - 1cm），向右作 0.5cm（后片 1cm）长的辅助直角线。 单击外侧缝辅助线，输入 0.3cm（后片输入 0.5cm），向左作 0.3cm（0.5cm）长的辅助直角线。 使用【两点弧线】工具，选择前、后片内裆辅助线的上端点和下端点，把中间点放置在 0.5cm（1cm）辅助垂直线的右端点。 选择外侧缝辅助线的上端点和下端点，中间点放置在 0.3cm（0.5cm）辅助垂直线的左端点。

使用【交换线段】工具，分别选择前、后片内裆弧线，再选择内裆辅助线，将这两条线交换。 使用【删除线段】工具，删除前、后片内裆辅助线和外侧缝辅助线，以及辅助直角线。 使用【合并线段】工具，依次将前、后片内裆弧线和外侧缝线上的各条线段合并。 使用【修改】-【修改点】-【移动点】、【顺滑沿线移动】工具，分别前、后片调整小裆弧线、大裆弧线、内裆弧线和外侧缝线，直至整条弧线圆顺，完成弧线调整，如图 4-84 所示。

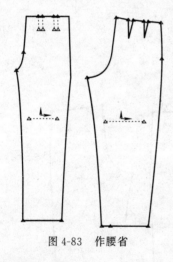

图 4-83　作腰省

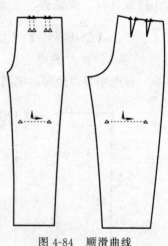

图 4-84　顺滑曲线

2. 尺寸校样

使用【核对】-【量度】-【线段长度】工具，量取前、后内缝线和前、后侧缝线的长度，如接缝的两条线段长度不等，则需要通过修改使其长度一致。 使用【修改】-【修改线段】-【调校弧长】工具，选择需要更改长度的线段。 如前侧缝线的长度为 100.62cm，后侧缝线的长度为 100.60cm，可通过【调校弧长】功能使两条线段的长度均为 100.61cm，在保证线段长度一致的条件下，使两条线仍保持顺滑。

3. 样片数校正

腰头长度为腰围 + 3cm= 79cm，宽度为 4cm。 使用【长方形】工具，创建一个长度为 79cm、宽度为 4cm 的矩形作腰头。 使用【平行复制】工具，将该矩形的上边线向下平行复制 3cm 作为搭门线。 用 AccuMark PDS 创建样片或套取样片时，系统默认水平线为布纹线。 若以竖向作结构设计，会出现布纹线方向与实际样片方向不一致的情况，需要调整布纹线的方向。 使用【修改】-【修改线段】-【旋转线段】工具，分别将前片、后片、腰头的布纹线旋转 90°，与样片方向一致，如图 4-85 所示。

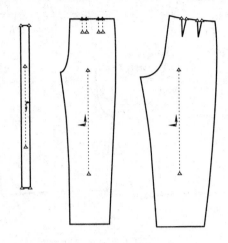

图 4-85　样片数校正

第七节 ▶ 男式西装短裤结构设计

一、男式西装短裤款式分析

图 4-86 为男式西装短裤款式效果图，短裤的裤长在膝盖以上，前片单褶，后腰收双省。在长度上，裤片的结构线主要有前侧缝线、后侧缝线、前中线、后中线、前裆弯线、后裆弯线、前内缝线、后内缝线、前挺缝线和后挺缝线。 在围度上，裤片的结构线主要有前腰线、后腰线、臀围线和中裆线。

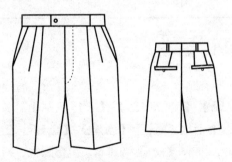

图 4-86　男式西装短裤款式效果图

曲线顺滑和接缝的两线保持等长是裤片制图的关键。 由于裤子裆弯的牵制，后腰线在后中部位有一定的起翘量，使后腰线呈弧形。 在制图过程中，保持前后中线与前后裆弯线连接顺滑至关重要。 前后内缝线和前后侧缝线接缝形成裤腿，虽然曲线的曲度不同，但长度必须保持一致，图 4-87 所示为男式西装短裤的结构图。

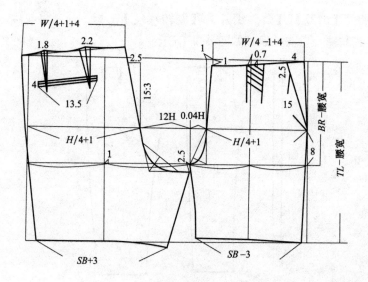

图 4-87　男式西装短裤的结构图

二、男式西装短裤结构设计与制图

（一）作基准线

　　男式西装短裤的规格见表 4-7。　前裤片长＝裤长（45cm）－腰带宽（4cm）＝41cm，前裤片臀围＝臀围/4－1cm＝24cm。　使用【创建】-【创建样片】-【长方形】工具，创建宽度＝24cm（X）、长度为 41cm（Y）的长方形。　样片名称为"西装短裤前片"。

表 4-7　**男式西装短裤规格参数**（单位：cm）

号型 170/74A				
裤长	腰围	臀围	上裆	脚口
45	78	100	27	28

（二）作横裆线、臀围线、腰围线

1. 上裆长

　　使用【创建】-【创建线段】-【平行移动】-【平行复制】工具，将水平腰线向下平行复制，输入距离 –27cm，作出上裆线。　使用【创建】-【创建线段】-【平行移动】-【平行复制】工具，将上裆线向上平行复制，输入距离 8cm，作臀围线，如图 4-88 所示。

2. 作腰围线

　　前裤片腰围＝W/4－1cm＋暗褶＝22.5cm。　使用【创建】-【创建线段】-【两点直线】工具，选择腰围线，输入 1cm，右击选择【垂直】，输入 1cm，找到前片下落的腰线左端点。　使用【创建】-【创建点】-【点/钻孔点】工具，以下落后的腰线左端点为圆心、22.5cm 为半径画圆，圆与腰线的交点即为腰线另一个端点。　使用【两点直线】工具，连接腰线的两个端点。

（三）作小裆弧线

小裆弯量＝4％×臀围 ＝4cm 或臀围/20 – 1cm＝4cm。 使用【修改】-【修改线段】-【修改线段长度】工具，将横裆线向左延长 4cm，作为小裆宽线。 使用【两点直线】工具，将小裆弯线的左端点与臀围线的左端点相连形成辅助线。 使用【创建】-【创建点】-【点/钻孔点】工具，右击选择【交接点】，增加小裆弯线右端点与臀围线的交接点。

使用【创建】-【创建线段】-【两点直线】-【线外垂直线】工具，作交接点与辅助线垂直的直角线。 使用【修改】-【修改线段】-【修剪线段】工具，将直角线多出来的部分剪掉。 使用【记号点】-【多个点】-【空间定比例】工具，将该直角线 3 等分。 使用【点/钻孔点】工具，在水平腰线上增加一点，距左端点 1cm（前裆内撇量）。 使用【创建】-【创建线段】-【输入线段】工具，直线连接前中心内撇点和臀围线左端点，再以弧线连接至直角线上 1/3 点和小裆宽线左端点，如图 4-89 所示。

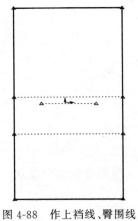

图 4-88　作上裆线、臀围线

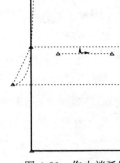

图 4-89　作小裆弧线

（四）作前裤片周边线

使用【创建】-【创建点】-【记号点】工具，选择水平下摆线，输入 – 1.5cm，作出下摆右侧端点。 使用【创建】-【创建线段】-【两点直线】工具，选择下摆右端点，向左画水平直线，输入 – 25cm，作出下摆左端点。 使用【两点直线】-【两点拉弧】工具，依次选择前裆弧线端点、下摆左端点和右端点，连接腰围线右端点、臀围线与侧缝线交点和下摆右端点，作出侧缝弧线。 前裤片完成，如图 4-90 所示。

（五）作腰褶、裤中缝线

前裤片设计 1 个腰褶，褶量 4cm，褶长 7cm。 使用【多个点】-【线上加点】工具，选择腰围线，输入 1，找到中点。 使用【圆心画圆】工具，以上述取得的中点为圆心、半径为 2cm 画圆。 使用【两点直线】-【垂直】工具，输入 – 7cm（褶长 7cm），作出腰褶的边线。使用【创建点】-【多个点】-【线上加点】工具，选择前裆水平线，输入 1，找出中点。 使用【创建点】-【点/钻孔点】-【画圆定点】工具，选择中点为圆心，输入半径 1cm，找到中点左边的交点，为中裆线所在位置，如图 4-91 所示。

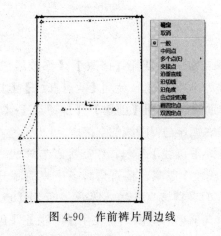

图 4-90　作前裤片周边线

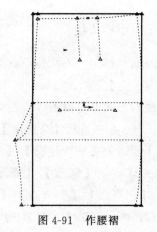

图 4-91　作腰褶

（六）作后裤片

后裤片可以重新绘制，也可以修改前裤片的基准线生成。

以下是后裤片的制图数据。

后裤片臀围=臀围/4 + 1cm=26cm，

大裆弯量=（10% ~ 12%）× 臀围=12cm；

后裤片裤口宽= 28cm + 3cm=31cm，

后裤片腰围=腰围/4 + 1cm+ 4cm（褶量）= 24.5cm，

后上裆倾斜度为 12°（或直接在腰围处缩进 2.5cm 进行绘制）。

值得注意的是，西装短裤后裆缝下落数值基本在 1cm 之内波动，西装短裤可在 2~3cm 波动。

后裤片设计 2 个省道，省道宽分别为 1.8cm 和 2.2cm，省道长 9cm，如图 4-92 所示。

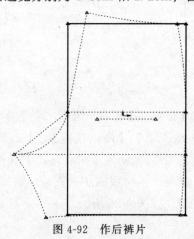

图 4-92　作后裤片

小贴士

　　制作后裤片的上裆倾斜线时，既可以按照前裤片上裆线腰围处缩进去一定的量找到倾斜线的端点位置，也可以直接用【两点直线】-右击选择【沿角度】工具绘制倾斜角找到后上裆倾斜线。

1. 作后上裆倾斜线

方法一：使用【两点直线】-【沿角度】工具，选择臀围线右端点，右击选择【沿角度】工具，在水平臀围线上选择与12°倾斜角的交点，输入–78°，则可绘制出与水平线呈78°的后上裆倾斜线，如图4-93所示。

方法二：使用【点/钻孔点】-【交接点】工具，选择臀围线右端点与垂直线的相交点，单击臀围线，再单击垂直线，则可在垂直线上找到交点。 使用【两点直线】-【沿角度】工具，选择臀围线右端点，右击选择【沿角度】，沿着垂直线选择两者的交接点，根据角度指示输入角度值198°，同样可以得到12°的角度斜线，如图4-94所示。

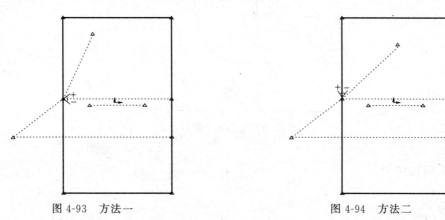

图 4-93　方法一　　　　　　　　　　　图 4-94　方法二

2. 作后腰围线

将后上裆弧线延长2.5cm作为腰围线右端点。 使用【圆形】-【圆心画圆】工具，选择腰围线右端点，输入半径24.5cm。 使用【修改线段】-【修改长度】工具，选择水平腰线的左端点进行延长，与圆形相交，交点即为腰围线左端点。

（七）套取样片

1. 套取样片

使用【创建】-【创建样片】-【套取样片】工具，按顺时针或逆时针顺序选择样片的周边线，直至样片周边线封闭，再选择内部线。 使用【修改】-【修改样片】-【旋转样片】-【调对水平】-【调正布纹线】工具，将套取后的样片顺时针旋转90°，单击布纹线，调正水平，再单击样片，逆时针旋转90°，如图4-95所示。

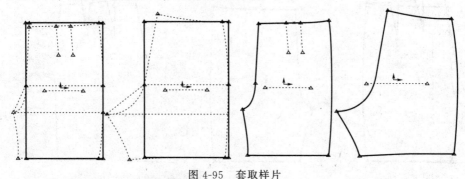

图 4-95　套取样片

2. 作后片腰省

使用【创建】-【创建点】-【多个点】工具，右键选择【线上加点】工具，选择后腰线，接受点的端点为【没有】，输入起始点和终点间点的数量为 2，将线段 3 等分。 使用【高级】-【尖褶】-【增加尖褶】工具，选择 3 等分点，输入尖褶深 9cm、尖褶宽度 2.2cm，生成尖褶，如图 4-96 所示。

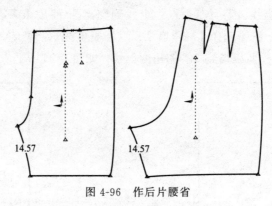

图 4-96 作后片腰省

（八）调校版型

1. 顺滑曲线

使用【修改】-【修改线段】-【顺滑曲线】工具，分别调整前、后片弧线，直至弧线圆顺。

2. 尺寸校样

使用【核对】-【量度】-【线段长度】工具，量取前、后内缝线长度。 如接缝的两条线段长度不等，则需修改使其长度一致。 使用【修改】-【修改线段】-【调校弧长】工具，选择需要更改长度的线段。 如后片侧缝线长度为 14.17cm，前侧缝线长度为 14.15cm，可通过【调校弧长】功能，使两条线段的长度均为 14.50cm，如图 4-97 所示。

3. 核对检查

尺寸校样完毕后，要核对检查。 使用【核对】-【检查】-【比并线条】工具，选择后片的中心线和前片的中心线，如果方向不对，右击选择【改变方向】。 若解除比并，可直接右击【取消】，如图 4-98 所示。

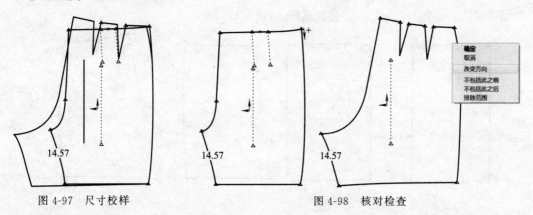

图 4-97 尺寸校样   图 4-98 核对检查

比并样片时，可移动鼠标改变比并位置；也可以右击，选择【两者加记号】，在右侧勾选【增加剪口】，找到样片对位点。

4. 样片数校正

腰头长 78cm、宽 4cm。 前裤片 2 片＋ 后裤片 2 片＋ 腰头 1 片，如图 4-99 所示。

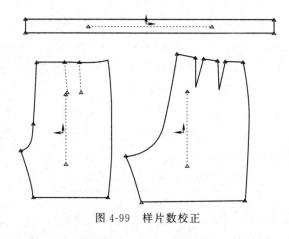

图 4-99　样片数校正

第八节 ▶ 无袖连衣裙结构设计

一、无袖连衣裙款式分析

图 4-100　无袖连衣裙款式效果图

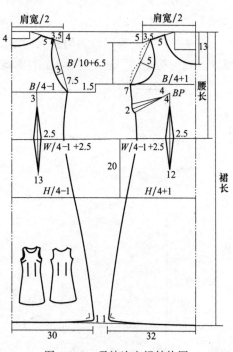

图 4-101　无袖连衣裙结构图

如图 4-100 所示，由于女装存在胸腰差，无袖连衣裙领围较大，裙装立体感较强。 前片有两个菱形腰省和侧胸省，后片有两个菱形腰省。 在制图过程中，要注意两点：一是绘制省道时，要保持尺寸正确；二是为使连衣裙裙摆优美垂顺，前后侧缝线的弧线要顺滑且相等。 图 4-101 为无袖连衣裙的结构图。

二、无袖连衣裙结构设计与制图

（一）作基准线

无袖连衣裙的规格参数见表 4-8，裙长为 100cm。 前片腰围腰围/4 − 1cm= 21cm，后片腰围为腰围/4 + 1cm=23cm。 前片臀围为臀围/4 − 1cm=22cm，后片臀围为臀围/4 +1cm= 24cm。 使用【创建】-【创建样片】-【长方形】工具，创建宽度为 46cm（X）、长度为 100cm（Y）的长方形。 样片名称为"连衣裙样片"。

使用【创建】-【创建线段】-【平行移动】-【平行复制】工具，选择最上端水平线，分别输入 21.5cm、37.57cm，作出胸围线、腰围线以及臀围线。 选择左端垂直线，输入 21cm，作出侧缝线的辅助线，如图 4-102 所示。

表 4-8 无袖连衣裙规格参数（单位：cm）

号型 160/84A						
裙长	胸围	腰围	臀围	肩宽	领围	腰长
100	88	70	92	36	38	37

（二）作后肩斜线

使用【创建】-【创建线段】-【两点直线】工具，选择后片中心线左端点，输入 4cm，右击选择【水平】工具，双击鼠标，输入 7.2cm，按住"shift"键（或者右击选择【垂直】），向上与水平线连接，垂足点为肩斜线起始点。 选择以上所作的垂足点，右击【沿角度】，选择垂直虚线为相交线，输入 − 108cm，即可作出后肩斜线。

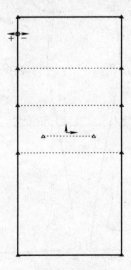

图 4-102 作基准线

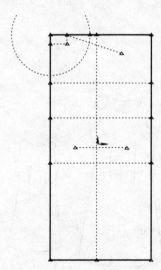

图 4-103 作后肩斜线

使用【创建】-【创建点】-【点/钻孔点】-【画圆定点】工具，以后中心点为圆心，输入18cm为半径画圆，圆与肩斜线的交点为肩斜线终点。 使用【修改】-【修改线段】-【修剪线段】工具，删除多余长度的肩斜线，如图4-103所示。

（三）作袖窿弧线

使用【创建】-【创建线段】-【两点直线】工具，选择肩斜线，输入－3.5cm，右击选择【交接点】，依次选择胸围线与侧缝线，与其交点连接形成袖窿弧线辅助线。 使用【创建】-【创建线段】-【两点直线】-【线上垂直线】工具，在右上角的方框里勾选【一半】，选择袖窿弧线辅助线，输入－7.5cm，找到垂足点，输入－3cm，找到袖窿弧凸点。 肩斜长为5cm，找到肩点。使用【创建】-【创建线段】-【两点直线】-【两点拉弧】工具，依次选择肩点、弧凸点和袖窿端点。 连接袖窿弧线，如图4-104所示。

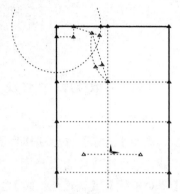

图 4-104　作袖窿弧线

（四）作后领窝弧线、侧缝线和下摆线

连接后领窝弧线，使其圆顺。 后腰围为：W/4－1cm＋2.5cm＝19cm，后臀围为：H/4＋1cm＝24cm。 使用【创建】-【创建线段】-【两点直线】工具，选择腰围线，输入19cm，找到侧缝线在腰围线上的辅助点、臀围线上的辅助点和后片下摆30cm宽的辅助点。 使用【创建】-【创建线段】-【两点直线】-【弧线】工具，依次连接侧缝线的辅助点。 下摆右侧上抬1cm，绘制下摆，如图4-105所示。

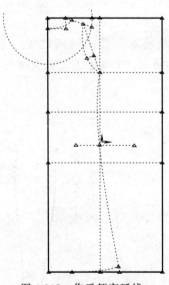

图 4-105　作后领窝弧线、
侧缝线和下摆线

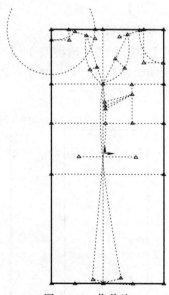

图 4-106　作前片

（五）作前片

直接利用后裙片的基准线绘制。 前片腰围＝ 腰围/4 + 1cm ＝ 23cm，前片臀围＝ 臀围/4 + 1cm＝ 24cm，如图 4-106 所示。

 小贴士

连衣裙的省道可以先绘制出来，也可以在套取样片后选择【高级】-【尖褶】-【增加尖褶】功能进行操作。

（六）套取样片，作腰省

1. 套取样片

使用【创建】-【创建样片】-【套取样片】工具，按顺时针或逆时针顺序选择样片的周边线，直至样片周边线封闭，再选择内部线。 使用【修改】-【修改样片】-【旋转样片】-【调对水平】-【调正布纹线】工具，将套取后的样片，顺时针旋转 90°，单击布纹线，调正水平，再单击样片，逆时针旋转 90°。 使用【修改】-【修改样片】-【产生对称片】工具，单击前后裙片中心线为对称线，勾选【折叠对称片】，如图 4-107 所示。

2. 作腰省

使用【点/钻孔点】-【交接点】工具，增加后裙片腰围线和省道辅助线的交接点。 使用【修改】-【修改线段】-【分割线段】工具，将交接点的位置作为分割点。 使用【修改】-【修改线段】-【合并线段】工具，将省道辅助线省道的两边合并。 使用【修改】-【修改线段】-【交换线段】工具，将省道边与周边线上的省道开口线交换。 使用【高级】-【尖褶】-【转换为尖褶】工具，将手动创建的省道转换成系统可识别的省道。

3. 作菱形腰省

使用【创建】-【创建线段】-【两点直线】工具，绘制水平腰围线辅助线。 使用【高级】-【增加尖褶】-【菱形尖褶】工具，选择菱形尖褶中心点，依次输入菱形尖褶上下尺寸，如图 4-108 所示。

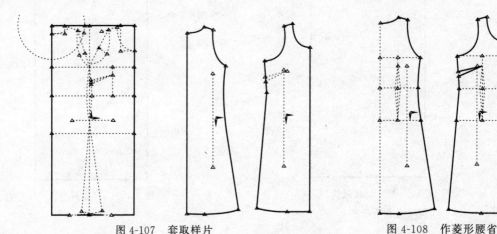

图 4-107 套取样片　　　　　　　　图 4-108 作菱形腰省

（七）调校版型

1. 顺滑曲线

使用【修改】-【修改线段】-【顺滑曲线】工具，分别调整前、后片弧线，直至弧线圆顺。

2. 尺寸校样

使用【核对】-【量度】-【线段长度】工具，量取前、后内缝线长度。如接缝的两条线段长度不等，则需通过修改使其长度一致。使用【修改】-【修改线段】-【调校弧长】、【修改】-【修改点】-【顺滑沿线移动】或【一点沿线移动】，选择需要更改长度的线段。如前片侧缝线长度为 77.88cm，后片侧缝的长度为 78.3cm，先通过【顺滑沿线移动】缩小差距，然后使用【调校弧长】功能，使两条线段的长度相差 0.01cm。前侧缝线为 77.66cm，后侧缝线为 77.65cm，如图 4-109 所示。

小贴士

可以用图钉选定【顺滑沿线移动】要移动的位置，将关键点排除在外，比如从侧缝线到下摆线，只局部微调下摆线及侧缝线即可，避免重要尺寸被改变。使用【调校弧长】功能时，也要将图钉调整到不涉及关键尺寸的位置。

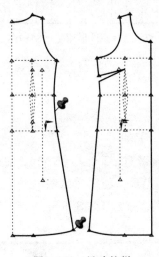

图 4-109　尺寸校样

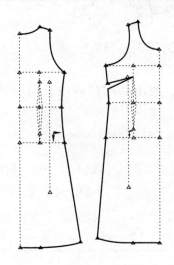

图 4-110　样片数校正

3. 样片数校正

前片为对称片，使用【修改】-【修改样片】-【产生对称片】工具，选择前片中心线，【折叠选项】勾选【对称后折叠】，生成对称片。连衣裙前片 1 片 + 后片 1 片，如图 4-110 所示。

第九节 ▶ 波形褶裙结构设计

一、波形褶裙款式分析

如图 4-111 所示，裙装裙摆呈波浪形，结构线主要有前侧缝线、后侧缝线、臀围线和腰围线。 此款短裙臀部线以上的合体程度较高，准确把握腰围线以及臀围线的尺寸是很关键。 由于人体腹部凸起，后腰线在后中部位有一定的下落，使后腰线呈弧线形。

前后侧缝线处的曲线顺滑是裙子造型优美的关键，主要包括前后侧缝线和前后内侧缝线的顺滑，并且长度必须一致，图 4-112 所示为波形褶裙的结构图。

图 4-111　波形褶裙款式效果图

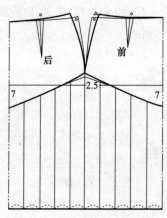

图 4-112　波形褶裙的结构图

二、波形褶裙结构设计与制图

（一）作基准线

波形褶裙规格参数见表 4-9。 前片裙长（55cm）－腰带宽（3cm）＝52cm，前片臀围为臀围/4=23cm。 使用【创建】-【创建样片】-【长方形】工具，创建宽度为 46cm（X）、长度为 52cm（Y）的长方形。 样片名称为"波形褶裙样片"，如图 4-113 所示。

表 4-9　波形褶裙规格参数（单位：cm）

号型 160/68A		
裙长	腰围	臀围
55	70	92

（二）作臀围线、后腰围线

后腰围线为：17.5cm + 2.5cm（省）＝20cm。 使用【创建】-【创建线段】-【平行移动】-【平行复制】工具，选择水平腰围线，输入距离－18cm，作出臀围线。 选择水平腰围线，输入 1cm 作为腰围线起翘量。 选择臀围线，输入 4cm 作为侧缝线与垂直线的切点位置，如图 4-114 所示。

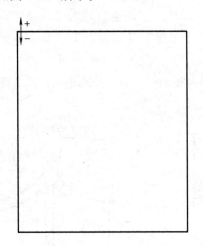

图 4-113 作基准线

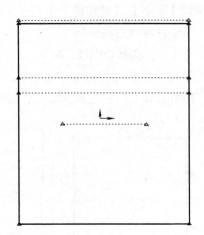

图 4-114 作臀围线、后腰围线

（三）作前片腰围线、裙片分割线

前腰围长为：W/4 + 2.5（省）= 20cm。 作前片腰围线，方法同后片。

使用【创建】-【创建线段】-【平行移动】-【平行复制】工具，选择臀围线，输入 −7cm，与前后中心线相交于一点，此为分割线辅助点。 使用【创建线段】-【两点直线】工具，连接辅助点与侧缝弧线点。

（四）作裙片前后片五等分点

使用【创建】-【创建点】-【记号点】工具，右击选择【多个点】-【线上定比例】工具，选择下摆线，【接受点的端点】选择【没有】，输入 9，即可将整条下摆线等分成 10 等分，如图 4-115 所示。

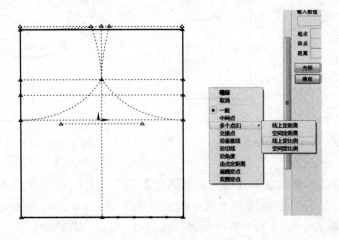

图 4-115 作前片腰围线、裙片分割线

（五）套取样片，作腰省

使用【创建】-【创建样片】-【套取样片】工具，按顺时针或逆时针顺序选择裙片的周边线，直至裙片周边线封闭，如图 4-116 所示。 使用【创建】-【创建点】-【多个点】-【线上加点】工具，选择腰围线，输入 1，将腰围线等分。 后片等分后找出省道中心点。 使用【高级】-【尖褶】-【增加尖褶】工具，选择腰线中点为省道开口点，分别输入前后片腰省深 9cm、10cm，输入腰省宽度 2.5cm，如图 4-117 所示。

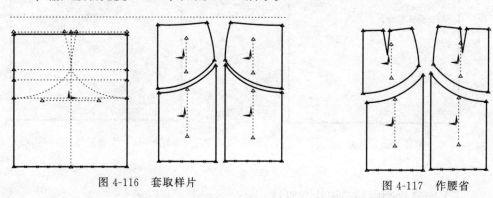

图 4-116　套取样片　　　　　　　　　　　　图 4-117　作腰省

（六）作裙摆延展弧度

使用【创建】-【创建点】-【多个点】-【线上加点】工具，分别选择前后片靠近臀围线附近的分割弧线，输入 4，将分割线五等分。 使用【高级】-【延展弧度】-【延展及分布】-【一端延展及分布】工具，以上方弧线处为轴心端、下方直线处为开口端，依次选择五等分点垂直向下画出四条分割线，选择中心线为固定位置，选择侧缝线为折弯的线，依次输入 7.5cm 为延展值，如图 4-118 所示。

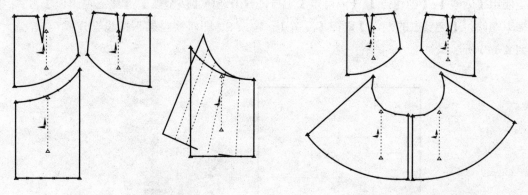

图 4-118　一端延展及分布　　　　　　　　图 4-119　圆锥延展弧度

使用【高级】-【延展弧度】-【圆锥延展弧度】工具，以上方弧线处为轴心端，下方直线处为开口端，先选择前后侧缝线上的两个端点，输入 3.75cm，沿着侧缝线进一步延展弧度。 再继续选择前后中心线上的两个端点，输入 3.75cm，沿着前后中心线进一步延展弧度，如图 4-119 所示。

（七）调校版型

1. 顺滑曲线

使用【修改】-【修改线段】-【顺滑曲线】工具，分别调整前、后裙摆线以及分割弧线，直至整条弧线圆顺，完成弧线调整。

2. 尺寸校样

使用【核对】-【量度】-【线段长度】工具，量取前、后片分割缝线的长度。 如接缝的两条线段长度不等，则需通过修改使其长度一致。 使用【修改】-【修改线段】-【调校弧长】工具，选择需要更改长度的线段。 如前侧缝线的长度为 15.35cm，后侧缝线的长度为 15.38cm，应通过【调校弧长】功能使两条线段的长度均为 15.36cm。 在保证线段长度一致的条件下，使两线段仍保持顺滑，如图 4-120 所示。

3. 样片数校正

腰头长为腰围 + 3cm = 73cm、宽度为 3cm。 使用【长方形】工具，创建一个长度为 73cm、宽度为 3cm 的矩形作为腰头。 使用【平行复制】工具，将该矩形的上边线向下平行复制 3cm，作为搭门线。 使用【创建】-【尖褶】-【关闭尖褶】工具，勾选【包括钻孔】、【包括剪口】，选择尖褶的一边，输入钻孔点距褶尖的距离为 2cm，确定关闭尖褶，如图 4-121 所示。

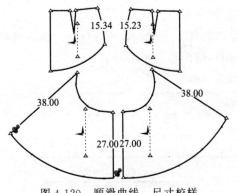

图 4-120 顺滑曲线、尺寸校样

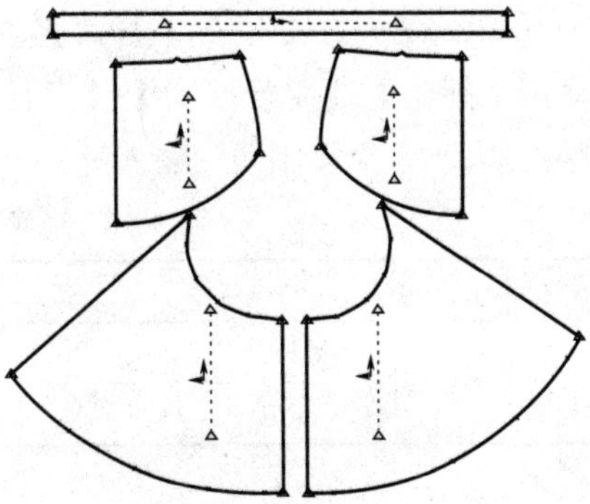

图 4-121 样片数校正

第十节 ▶ 高腰 A 形裙结构设计

一、高腰 A 形裙款式分析

如图 4-122 所示，裙摆呈 A 字形，结构线主要有前侧缝线、后侧缝线和腰围线。此款短裙腰部的合体程度较高，需要准确把握腰部尺寸。 由于人体腹部凸起，后腰线在后中部有一定的下落且呈弧形线，因此弧线顺滑是裙片制图的关键。 曲线顺滑主要包括前后侧缝线和前后内侧缝线顺滑，并且长度必须一致。 图 4-123 所示为高腰 A 形裙的结构图。

图 4-122 高腰 A 形裙款式效果图

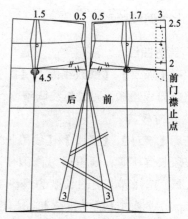

图 4-123 高腰 A 形裙的结构图

二、高腰 A 形裙结构设计与制图

（一）作后片基准线

高腰 A 形裙的规格参数见表 4-10，其中裙长 56cm，前后腰围宽为 17.5cm + 2.5cm（省）= 20cm。使用【创建】-【创建样片】-【长方形】工具，创建宽度为 21.5cm（X）、长度为 56cm（Y）的长方形。样片名称为"高腰 A 形裙后片"。

使用【创建】-【平行移动】-【平行复制】工具，选择水平线，输入 – 6cm，绘制出高腰裙的腰围线。选择腰围线，输入 – 10cm，作出分割线辅助线，如图 4-124 所示。

表 4-10 高腰 A 形裙规格参数（单位：cm）

号型 160/68A	
裙长	腰围
56	70

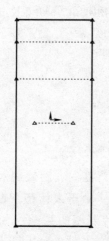

图 4-124 作后片基准线

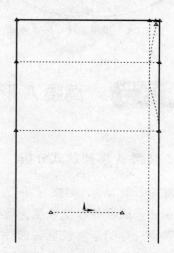

图 4-125 作后片侧缝线

（二）作后片侧缝线

使用【创建】-【平行移动】-【平行复制】工具，选择右侧垂直线，输入 – 1.5cm，绘制出高腰裙的侧缝线辅助线。 使用【创建】-【创建线段】-【两点直线】工具，选择水平线，在右侧方框为数值状态下输入 – 0.5cm，按住"shift"垂直向下绘制 0.5cm 的侧缝线辅助点。 选择辅助点，右击选择【交接点】，依次选择腰围线与垂直线，与交接点连接。 使用【两点直线】-【两点拉弧】工具，依次选择侧缝线辅助点，顺滑连接侧缝线，如图 4-125 所示。

（三）作分割线、侧缝线、下摆弧线

使用【创建】-【平行移动】-【平行复制】工具，选择水平腰围线下方的虚线，输入 2.5cm（分割线起翘量），绘制出分割弧线辅助线。 使用【两点直线】-【两点拉弧】工具，顺滑连接分割线、高腰腰头弧线，如图 4-126 所示。

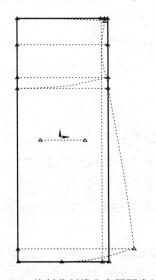

图 4-126　绘制分割线和高腰腰头弧线

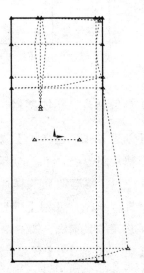

图 4-127　绘制侧缝线、下摆弧线和腰省

使用【创建】-【平行移动】-【平行复制】工具，选择侧缝线辅助垂直线，输入 6cm，向右平移 6cm 为下摆外扩量。 选择下摆线，输入 – 3cm，作为下摆上抬弧线辅助线。 使用【两点直线】-【两点拉弧】工具，顺滑连接侧缝线、下摆弧线。

（四）作腰省

选择水平线，在右侧提示栏数值状态下输入 7cm，按住"shift"键垂直向下，与水平辅助线垂直相交，作为省道中心线。 使用【修改线段】-【修改长度】工具，将作为省道中心线向下延长 4.5cm，作为省道中心线。 使用【创建】-【平行移动】-【平行复制】工具，选择省道中心线，依次输入 – 0.75cm、– 1.25cm、0.75cm、1.25cm，分别向左、向右平移，作出省道辅助线。 使用【两点直线】工具，依次连接省省道辅助点，生成省道。 后片完成图如 4-127 所示。

（五）作前片

使用【创建】-【创建样片】-【长方形】工具，创建宽度为 24m（X）、长度为 56cm（Y）的长方形。 样片名称为"高腰 A 形裙前片"。 门襟宽 3cm。

前片与后片的制图方法相同，如图 4-128 所示。

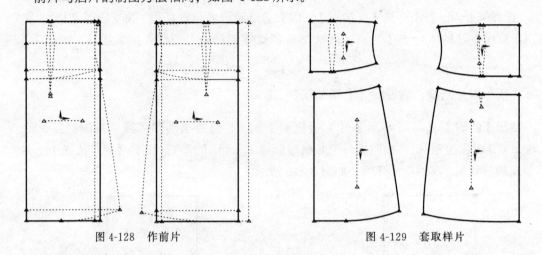

图 4-128 作前片   图 4-129 套取样片

（六）套取样片，转换腰省

使用【创建】-【创建样片】-【套取样片】工具，按顺时针或逆时针顺序选择裙片的周边线，直至裙片周边线封闭。 使用【修改】-【修改样片】-【旋转样片】-【调对水平】-【调正布纹线】工具，将套取后的样片，顺时针旋转 90°，单击布纹线，调正水平，再单击样片，逆时针旋转 90°。 使用【修改】-【修改线段】-【修剪线段】工具，修剪掉后片上半部分分割片多出来的尖褶线，如图 4-129 所示。

使用【点/钻孔点】-【交接点】工具，增加后裙片腰围线和省道辅助线的交接点。 使用【修改】-【修改线段】-【分割线段】工具，以交接点的位置作为分割点。 使用【修改】-【修改线段】-【合并线段】工具，将省道辅助线省道的两边合并。 使用【修改】-【修改线段】-【交换线段】工具，将省道边与周边线上的省道开口线交换。 使用【高级】-【尖褶】-【转换为尖褶】工具，将手动创建的省道转换成系统可识别的省道，如图 4-130 所示。

（七）调校版型

1. 顺滑曲线

使用【修改】-【修改线段】-【顺滑曲线】工具，分别调整前、后裙摆线以及分割弧线，直至整条弧线圆顺，完成弧线调整。

2. 尺寸校样

使用【核对】-【量度】-【线段长度】工具，量取前、后片分割缝线的长度，如接缝的两条线段的长度不等，则通过修改使其长度，使之保持一致。 使用【修改】-【修改线段】-【调校弧长】工具，选择需要更改长度的线段。 如前侧缝线的长度与后侧缝线的长度不等，可通过【调校弧长】功能，使两条线段的长度一致，使两条线仍保持顺滑，如图 4-131 所示。

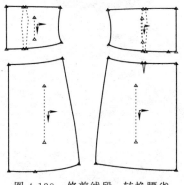

图 4-130 修剪线段、转换腰省

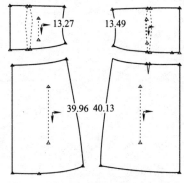

图 4-131 调校弧长

3. 核对检查

尺寸校样后进行比并检查。使用【核对】-【检查】-【比并线条】工具，先后选择裙片的下半片的前侧缝线和后侧缝线。如果方向不对，右击选择【改变方向】，解除比并直接右击【取消】，如图 4-132 所示。

使用【核对】-【检查】-【比并线条】工具，可以一次选择裙片上半部分的前侧缝线和裙片下半部分的后侧缝线，右击确定，再选择前裙片的两个样片上的侧缝线，观察图示箭头方向，需要改变方向则右击选择【改变方向】，整条侧缝线就比并线条。完成后可以右击选择【继续比并】，还可以继续选择其他线条进行比对校验，如图 4-133 所示。

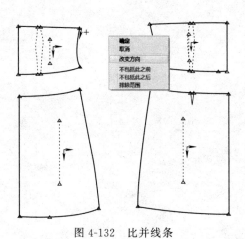

图 4-132 比并线条

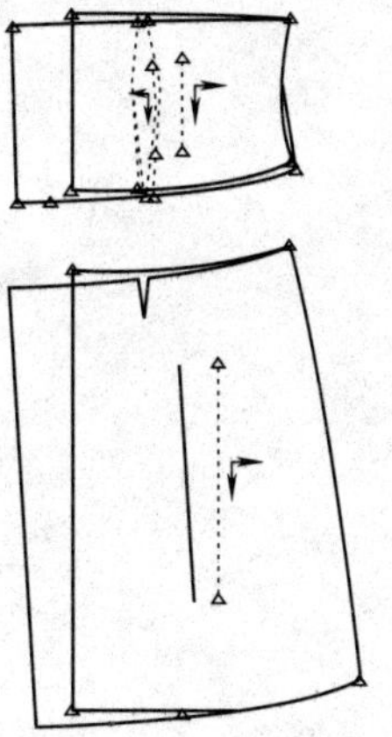

图 4-133 核对检查